"十二五"普通高等教育计算机类规划教材

数据库技术与应用实践教程

——Access 2010

李雨 孙未 主编 　王婷婷 李蔚妍 副主编

U0310279

化学工业出版社

·北京·

本书是与《数据库技术与应用教程——Access 2010》配套的实验用书，全书分为补充习题、上机实验指导以及能力测试 3 部分内容。补充习题部分旨在帮助读者理解数据库的基本概念和基本原理，掌握 Access 数据库的基本知识；对于参加计算机等级考试的读者，这部分内容能起到很好的辅导作用。上机实验指导部分结合各章所讲授的理论内容，帮助读者通过上机实验加深对课程内容的理解，掌握 Access 数据库的基本操作。能力测试部分则是在掌握基本的数据库操作的基础上，扩展所学知识，提高读者的操作应用能力。

本书还在附录部分介绍了全国计算机等级考试二级考试的公共基础知识的考试大纲、二级 Access 数据库程序设计考试大纲以及全真模拟题的笔试题和上机操作题，方便读者了解计算机等级考试中二级 Access 数据库考试相关知识点以及相应的操作。

本书集实验、习题和能力拓展于一体，内容丰富，实用性强，既可作为高等学校数据库应用课程的实验教学用书，也可作为社会各类计算机上机考试的辅导教材。

图书在版编目(CIP)数据

数据库技术与应用实践教程——Access 2010 / 李雨，孙未主编. —北京：化学工业出版社，2014.1 (**2018.9 重印**)

"十二五"普通高等教育计算机类规划教材

ISBN 978-7-122-19100-7

Ⅰ. ①数… Ⅱ. ①李… ②孙… Ⅲ. ①关系数据库系统-高等学校-教材 Ⅳ. ①TP311.13

中国版本图书馆 CIP 数据核字（2013）第 279225 号

责任编辑：郝英华　周旭　王岩　　　　　　装帧设计：张　辉
责任校对：宋夏

出版发行：化学工业出版社（北京市东城区青年湖南街 13 号　邮政编码 100011）
印　　装：三河市延风印装有限公司
787mm×1092mm　1/16　印张 10½　字数 260 千字　2018 年 9 月北京第 1 版第 3 次印刷

购书咨询：010-64518888（传真：010-64519686）　　售后服务：010-64518899
网　　址：http://www.cip.com.cn
凡购买本书，如有缺损质量问题，本社销售中心负责调换。

定　　价：23.00 元

《数据库技术与应用实践教程——Access 2010》
编写人员

主　编　李　雨　孙　未

副主编　王婷婷　李蔚妍

编写人员　（以姓氏笔画为序）

　　　　　　于　群　王婷婷　孙　未　朱红梅　张　艳

　　　　　　张鲜明　李　雨　李蔚妍　姚继美　高绘玲

前　言

　　数据库技术是作为一门数据处理技术而发展起来的，在计算机应用中的地位和作用日益重要。Access 作为一种桌面数据库管理系统，为数据管理提供了简单实用的操作环境。对于这样一门实践性很强的学科，作为学习 Access 数据库的初学者来说，仅有课堂理论是远远不够的，还要注重实践环节。为了配合《数据库技术与应用教程——Access 2010》的学习与使用，我们编写了该书，希望能对广大读者在数据库应用技术的学习中有所帮助。

　　本书作为实践教材，目的在于培养学生的实际操作能力。是根据教育部高等学校计算机基础教学指导委员会组织编制的"高等学校计算机基础教学基本要求"中对数据库技术和程序设计方面的基本要求编写的，以 Microsoft Access 2010 中文版为操作平台。本书共分 9 章，每章都包括理论题、实验题和能力测试三部分。鉴于《数据库技术与应用教程——Access 2010》的第 1 章主要是数据库的理论知识，因此本书没有安排实验内容。其中，第一部分的理论题部分以课程学习为线索，通过丰富的习题帮助读者掌握和理解数据库的基本概念和基本原理，掌握 Access 数据库的基本知识。这部分内容应是在完成理论学习的基础上再来做习题，通过做题达到强化、巩固和提高的目的。

　　第二部分实验题提供了实验目的、实验要求和实验步骤，读者可以通过实验中的详细步骤以及图示，得到操作应用的启发，掌握数据库的基本操作。实验内容以"图书管理"数据库操作为主线，通过翔实的操作提示，帮助读者完成操作练习。

　　最后一部分的能力测试以"学生选课系统"数据库的操作为主线，增加操作难度，留给读者独立完成数据库操作的机会。通过能力测试的扩展，提高实际操作应用能力。

　　数据库操作和应用开发能力的提高需要不断学习和实践，在学习中会碰到各种各样的问题，分析和解决问题的过程就是积累经验的过程。因此，为了提高读者的能力，掌握知识，本书在附录部分增加了考试大纲以及全真模拟题。

　　附录一为新版全国计算机等级考试二级考试的公共基础知识的考试大纲以及二级 Access 数据库程序设计考试大纲。

　　附录二为二级 Access 数据库程序设计考试的全真模拟单选题。

　　附录三为二级 Access 数据库程序设计考试的全真模拟上机操作题。

　　本书由山东农业大学李雨、孙未担任主编，王婷婷、李蔚妍担任副主编，张艳、于群、朱红梅、张鲜明、高绘玲、姚继美参加编写工作。编写分工为：王婷婷、姚继美编写第 1、3、

9 章，李雨、张鲜明编写第 2 章，孙未、朱红梅编写第 4 章，于群编写第 5 章，张艳编写第 6、7 章，李蔚妍、高绘玲编写第 8 章，全书由李雨统稿。

由于编者水平有限，书中难免有不妥之处，殷切地希望广大读者提出宝贵意见。

编 者

2013 年 11 月

目　录

第一章　数据库技术基础 ··· 1
　理论题 ··· 1
第二章　数据库和表 ··· 4
　第一部分　理论题 ·· 4
　第二部分　实验题 ·· 6
第三章　查询 ··· 22
　第一部分　理论题 ··· 22
　第二部分　实验题 ··· 24
第四章　结构化查询语言 SQL ·· 35
　第一部分　理论题 ··· 35
　第二部分　实验题 ··· 53
第五章　窗体设计和使用 ··· 63
　第一部分　理论题 ··· 63
　第二部分　实验题 ··· 65
第六章　报表设计 ··· 79
　第一部分　理论题 ··· 79
　第二部分　实验题 ··· 81
第七章　宏 ··· 91
　第一部分　理论题 ··· 91
　第二部分　实验题 ··· 93
第八章　模块与 VBA 编程基础 ·· 98
　第一部分　理论题 ··· 98
　第二部分　实验题 ··· 100
第九章　数据库管理 ··· 110
　第一部分　理论题 ··· 110
　第二部分　实验题 ··· 111
理论题答案 ··· 115
　第一章　数据库技术基础 ··· 115
　第二章　数据库和表 ··· 116
　第三章　查询 ··· 116

第四章　结构化查询语言 SQL ···117

第五章　窗体设计和使用 ··118

第六章　报表设计 ···119

第七章　宏 ···119

第八章　模块与 VBA 编程基础 ···120

第九章　数据库管理 ···121

附录一　二级 Access 考试大纲 ··122

二级公共基础知识考试大纲（2013 版）···122

二级 Access 数据库程序设计考试大纲（2013 版）·································123

附录二　全真模拟单选题 ··127

全真模拟单选题（一）···127

参考答案及分析 ··134

全真模拟单选题（二）···139

参考答案及分析 ··144

全真模拟单选题（三）···147

参考答案及分析 ··151

附录三　全真模拟上机操作题 ··155

全真模拟上机操作题（1）···155

全真模拟上机操作题（2）···156

全真模拟上机操作题（3）···157

参考文献 ···159

第一章　数据库技术基础

理 论 题

一、填空题

1. 两个实体集之间的联系一般可分为 3 类，它们分别是_____、_____、_____。

2. 根据模型应用的不同目的，可将数据模型分为两类：一是____数据模型；一是____数据模型。

3. 结构数据模型通常分为_____、_____、_____和_____四种。其中_____模型是目前数据库系统中流行的数据模型。

4. 数据库管理系统是指一个管理_____的软件，简称_____，它总是基于某种数据模型。

5. 在关系模型中，字段称为_____，记录称为_____，记录的集合称为_____。

6. 关系模型允许定义_____、_____和_____三类完整性。

7. _____是提高关系范式等级的重要方法。

8. 关系模型由_____、_____和_____三部分组成。

9. 属性的取值范围称为_____。

10. Access 2010 对 6 大对象进行管理，分别为_____、_____、_____、_____、_____、_____。

11. Access 2010 有许多方便快捷的工具，主要有_____、_____、_____、_____。

12. Access 2010 有许多方便快捷的向导，主要有_____、_____、_____、_____、_____。

13. 数据库技术的根本目标是要解决数据的_____。

14. 数据库中_____对象是其他数据库对象的基础。

15. Access 2010 数据库文件的扩展名是_____。

16. 用户可以利用_____操作按照不同的方式查看、更改和分析数据，形成所谓的动态数据集。

17. _____是数据信息的主要表现形式，用于创建表的用户界面，是数据库与用户之间的主要接口。

18. 存储在计算机存储设备中的、结构化的相关数据的集合是_____。

19. 在 Access 2010 中，_____对象可以以特定的版式分析或打印数据。

20. _____不属于结构数据模型。

二、选择题

1. 在信息世界中，将现实世界中客观存在并可相互识别的事物被称为_____。
   A. 属性 　　　　B. 实体 　　　　C. 数据 　　　　D. 标识符
2. 每个属性所取值的变化范围称为该属性的_____。
   A. 标识符 　　　B. 值域 　　　　C. 实体 　　　　D. 字段
3. Access 中的"表"指的是关系模型中的_____。
   A. 关系 　　　　B. 元组 　　　　C. 属性 　　　　D. 域
4. 实体集与实体集之间的联系，反映在数据上是_____之间的联系。
   A. 字段 　　　　B. 关键码 　　　C. 文件 　　　　D. 记录
5. 关系代数语言是用对_____的集合运算来表达查询要求的方式。
   A. 实体 　　　　B. 域 　　　　　C. 属性 　　　　D. 关系
6. Access 数据库中_____对象是其他数据库对象的基础。
   A. 报表 　　　　B. 表 　　　　　C. 窗体 　　　　D. 模块
7. 基本关系中，任意两个元组值_____。
   A. 可以相同 　　B. 必须完全相同 C. 必须全不同 　D. 不能完全相同
8. 实体完整性规则为：若属性 A 是基本关系 R 的主属性，则属性 A_____。
   A. 可取空值 　　B. 不能取空值 　C. 可取某定值 　D. 都不对
9. 对于某一指定的关系可能存在多个候选键，但只能选其中的一个为_____。
   A. 替代键 　　　B. 候选键 　　　C. 主键 　　　　D. 关系
10. 数据库管理系统属于_____。
    A. 应用软件 　　B. 系统软件 　　C. 操作系统 　　D. 编译软件
11. 数据模型应满足 3 方面的要求，其中不包括_____。
    A. 比较真实地模拟现实世界 　　　　B. 容易为人们所理解
    C. 逻辑结构简单 　　　　　　　　　D. 便于在计算机上实现
12. 在 Access 中，用户可以利用_____操作按照不同的方式查看、更改和分析数据，形成所谓的动态数据集。
    A. 窗体 　　　　B. 报表 　　　　C. 查询 　　　　D. 模块
13. 数据处理的中心问题是_____。
    A. 数据检索 　　B. 数据管理 　　C. 数据分类 　　D. 数据维护
14. 下列哪一个不是数据库系统的组成部分_____。
    A. 说明书 　　　B. 数据库 　　　C. 软件 　　　　D. 硬件
15. 下面关于查询操作的运算中，说法正确的是_____。
    A. 传统的集合运算 　　　　　　　　B. 专门的关系运算
    C. 附加的关系运算 　　　　　　　　D. 以上答案都正确
16. 如果一个关系实施了一种关系运算后得到了一个新的关系，而且新的关系中属性个数少于原来关系中的属性个数，这说明所实施的运算关系是_____。
    A. 投影 　　　　B. 链接 　　　　C. 并 　　　　　D. 选择
17. 下列选项不属于 SQL 语言功能的是_____。
    A. 数据定义 　　B. 查询 　　　　C. 操作和控制 　D. 建报表

18. 数据库管理系统的英文简写是_____，数据库系统的英文简写是_____。
    A．DBS;DBMS   B．DBMS;DBS
    C．DBMS;DB   D．DB;DBS
19. 传统的集合运算不包括_____。
    A．并   B．差   C．交   D．乘
20. 在关系数据库中，用来表示实体之间联系的是_____。
    A．二维表   B．线形表   C．网状结构   D．树形结构

第二章 数据库和表

第一部分 理 论 题

一、填空题

1. 在 Access 2010 数据表中能够唯一标识每一条记录的字段称为_____。

2. Access 2010 数据库中，表与表之间的关系分为_____、_____和_____。

3. 在 Access 2010 中，_____功能选项卡下的_____功能区的工具按钮可以获取外部数据。

4. 在定义数据表的主键时，若要选择多个字段，需按下_____键。

5. Access 2010 提供_____和_____两种字段数据类型保存文本或文本和数字的组合数据。

6. 对数据库表建立索引就是要指定记录的_____。

7. 为了连接保存在不同表中的信息，使多表协同工作，必须确定表的_____。

8. 如果用户定义了表关系，则在删除主键之前，必须先将_____删除。

9. 自然连接指的是_____的等值连接。

10. 一个超级链接地址可以是一个_____或一个_____。

11. "姓名"字段采用的数据类型是_____。

12. "电话号码"字段采用的数据类型是 _____。

13. 建立一对多关系时，一对应的表称为_____，而多对应的表称为_____。

14. 用_____字段是创建主关键字的最简单的方法。

15. _____是按照某个字段对所有记录进行过滤，之后数据表中只显示符合条件的记录。

16. 主键的基本类型有_____、_____和_____3 种。

17. 设置表中字段的属性，其中_____用来规定数据的输入方式。

18. 数字字段类型可以设置为_____、"整型"、"长整型"、"单精度型"以及_____"同步复制 ID"5 种类型。

19. _____类型是用来存储日期、时间或日期时间，其最多可存储 8 个字节。

20. Access 的表有两种视图，_____一般用来浏览或编辑表中的数据，而_____则用来浏览或编辑表的结构。

二、选择题

1. 下列不是表中字段类型的是_____。

 A. 索引 B. 备注 C. 是/否 D. 货币

2. 下列不能作为索引字段的数据类型是_____。

 A. 文本 B. 数字 C. 日期/时间 D. OLE 对象

3. 必须输入 0～9 数字的输入掩码是_____。

 A. 0 B. 9 C. A D. C

4. 下列用来控制文本框中输入数据格式的是_____。

 A. 有效性规则 B. 默认值 C. 输入掩码 D. 有效性文本

5. 下列不能够创建数据表的方法是_____。

 A. 使用 SharePoint 列表 B. 输入数据

 C. 使用设计器 D. "文件"→"新建"

6. 对表中某字段建立索引时，若其值有重复，可选择_____索引。

 A. 有（无重复） B. 有（有重复） C. 无 D. 主

7. 主键的基本类型不包括_____。

 A. 单字段主键 B. 多字段主键 C. 索引主键 D. 自动编号主键

8. 在下列操作中可以修改一个已有数据表结构的是_____。

 A. 选中该数据表，单击"打开" B. 选中该数据表，单击"设计"

 C. 双击该数据表 D. 双击"使用设计器创建表"

9. 下列字段数据类型中没有预定义格式的是_____。

 A. 自动编号 B. 日期/时间 C. 货币 D. 超级链接

10. 可以用于保存图像的字段数据类型是_____。

 A. OLE 对象 B. 备注 C. 超级链接 D. 查询向导

11. 在已经建立的数据表中，若在显示表中内容时使某些字段不能移动显示位置，可以使用的方法是_____。

 A. 排序 B. 筛选 C. 隐藏 D. 冻结

12. 在关于输入掩码的叙述中，错误的是_____。

 A. 定义字段的输入掩码时，既可以使用输入掩码向导，也可以直接使用字符

 B. 定义字段的输入掩码，是为了设置密码

 C. 输入掩码中的字符 0 表示可以选择输入数字 0～9 之间的一个数

 D. 直接使用字符定义输入掩码时，可以根据需要将字符组合起来

13. 当要挑选出符合多重条件的记录时，应选用的筛选方法是_____。

 A. 按选定内容筛选 B. 按窗体筛选

 C. 按筛选目标筛选 D. 高级筛选

14. 下列关于货币数据类型的叙述，错误的是_____。

 A. 货币字段输入数据时，系统自动将其设置为 4 位小数

 B. 可以和数值型数据混合计算，结果为货币型

 C. 字段长度是 8 个字节

 D. 向货币字段输入数据时，不必输入美元符号和千位分隔符

15. 一个表最多可有_____个字段和_____个索引。

    A. 255, 16   B. 255, 24   C. 255, 32   D. 127, 32

16. 在 Access 2010 中，字段的命名规则有_____。
    A. 字段名长度为 1～64 个字符
    B. 字段名可以包含字母、汉字、数字、空格和其他字符
    C. 字段名不能包含句号(.)、感叹号(!)、方括号([])和重音符号(‘)
    D. 以上都是

17. 若要在一对多关系中，更改一方的原始记录后，另一方立即更改，应启动_____。
    A. 实施参照完整性   B. 级联更新相关记录
    C. 级联删除相关记录   D. 以上都不是

18. 在关系窗口中，选定某个表，按"Delete"键，将会_____。
    A. 在关系窗口中删除该选定的表，但不删除关系
    B. 在关系窗口中删除该选定的表，同时删除与该选定的表相关的所有关系
    C. 在关系窗口中删除该选定的表，同时删除与该选定的表相关的关系
    D. 在关系窗口中删除该选定的表，同时删除所有关系

19. 在数据表视图中，每个记录左侧的小方框是_____。
    A. 导航按钮   B. 显示当前记录号
    C. 显示记录数   D. 记录选定器

20. 关于取消列的冻结的叙述，正确的是_____。
    A. 在取消列的冻结之后，被冻结的列不会回到原来的位置上
    B. 在取消列的冻结之后，被冻结的列会回到原来的位置上
    C. 在取消列的冻结之后，被冻结的列被随机放置在表中某一位置上
    D. 上述都不对

第二部分　实　验　题

一、实验目的

（1）掌握数据库的创建方法和过程。
（2）掌握表的创建方法和过程。
（3）掌握字段的属性设置方法。
（4）掌握记录的输入方法及技巧。
（5）掌握表中记录排序方法。
（6）索引的种类以及建立方法。
（7）掌握调整数据表外观的方法。
（8）掌握表间关系建立的方法。

二、实验内容

    根据图书馆所从事的日常管理工作需要，在数据库中设计"图书信息表"、"读者信息表"、"借阅信息表"、"图书类别表"和"基本信息表"，共 5 张表，用来存放有关信息，表2-1～表2-5。

表 2-1 图书信息表

字 段 名 称	数 据 类 型	字 段 大 小	是否主键
书籍编号	文本	20	是
书籍名称	文本	50	
类别代码	文本	5	
出版社	文本	50	
作者姓名	文本	30	
书籍价格	数字	单精度	
书籍页码	文本	10	
登记日期	日期/时间		
是否借出	是/否		

表 2-2 读者信息表

字 段 名 称	数 据 类 型	字 段 大 小	是否主键
读者编号	文本	15	是
读者姓名	文本	10	
读者性别	文本	3	
办证日期	日期/时间		
联系电话	文本	30	
工作单位	文本	50	
家庭住址	文本	50	

表 2-3 借阅信息表

字 段 名 称	数 据 类 型	字 段 大 小	是否主键
读者编号	文本	15	是
书籍编号	文本	20	是
借书日期	日期/时间		是
还书日期	日期/时间		
超出天数	数字	整型	
罚款金额	数字	单精度型	

表 2-4 图书类别表

字 段 名 称	数 据 类 型	字 段 大 小	是否主键
类别代码	文本	5	是
书籍类别	文本	20	
借出天数	数字	整型	

表 2-5 基本信息表

字 段 名 称	数 据 类 型	字 段 大 小	是否主键
借出册数	数字	整型	
罚款	数字	单精度型	

三、实验 2-1

创建一个名为"图书馆查询管理系统"的数据库。

【实验要求】

熟悉和掌握数据库的几种创建方法。

【操作步骤】

方法一：启动 Access 时创建数据库。

启动 Access 后，在如图 2-1 所示的 Access 启动界面中，选择"空数据库"，然后在右下角的文件名的文本框中输入数据库文件名称，单击文本框右边的  图标，新建对话框就会出现，如图 2-2 所示。单击"创建"按钮，进入文件窗口。

图 2-1 Access 启动界面   图 2-2 "文件新建数据库"对话框

方法二：使用"新建"命令创建。

在已经打开的数据库文件中，单击"文件"功能选项卡，进入如图 2-1 所示的界面，后续操作同方法一，同样可以创建数据库文件。

四、实验 2-2

创建"图书信息表"。

【实验要求】

根据表 2-1 所示的表结构，通过表设计器创建"图书信息表"，并输入如图 2-3 所示的记录。

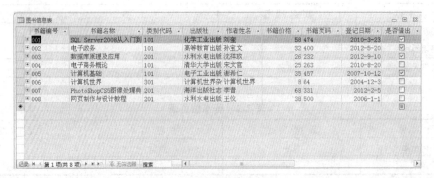

图 2-3 "图书信息表"记录

【操作步骤】

（1）打开"图书馆查询管理系统"数据库，在数据库界面，单击 "表设计"按钮，弹出表设计器的窗口。如图 2-4 和图 2-5 所示。

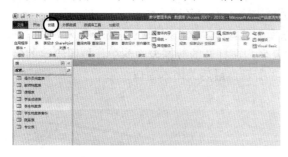

图 2-4 "创建"窗口

图 2-5 表设计器窗口

（2）在"字段名称"列下的第 1 个空白行中输入"书籍编号"，并在本行"数据类型"列下选择"文本"，将"常规"选项卡下的"字段大小"属性值改为 20，如图 2-6 所示。采取同样的方法依次完成其他字段的定义。

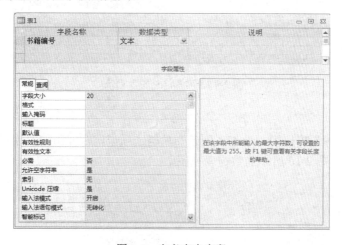

图 2-6 定义表中字段

（3）完成所有字段的定义后，右键单击"书籍编号"字段行任意位置，从弹出的菜单中选择"主键"，如图 2-7 所示，将"书籍编号"设为"图书信息表"的主键。

图 2-7 设定主键

图 2-8 "另存为"对话框

（4）单击"文件"选项卡上方的"保存"按钮，如图 2-8 所示的"另存为"对话框中输入表的名称"图书信息表"。

（5）在"数据库"窗口中"表"对象下的列表中选中"图书信息表"，然后双击表名，在打开的数据表视图中，按照给定的信息输入记录，如图 2-3 所示，最后关闭本窗口。

五、实验 2-3

创建"读者信息表"。

【实验要求】

根据表 2-2 所示的表结构及内容，通过直接输入数据的方法创建"读者信息表"，记录内容如图 2-9 所示，并同时修改表的结构。

图 2-9 "读者信息表"记录

【操作步骤】

（1）在"数据库"窗口中，单击"创建"功能选项卡，在弹出的"创建"功能区中单击"表"选项，弹出如图 2-10 所示的数据表视图。

图 2-10 数据表视图

（2）单击"单击以添加"旁的三角箭头，在弹出的下拉列表中选择"文本"选项，如图 2-11 所示，然后弹出如图 2-12 所示的"字段名称"，然后将"字段 1"修改为"读者编号"，如图 2-13 所示。

图 2-11 设置字段数据类型

图 2-12 设置字段

图 2-13 字段名称的设置

（3）字段名称和数据类型依次设置好之后，如图 2-14 所示，单击"文件"上方的"保存"按钮，将数据表保存，然后切换到数据表视图，将"ID"字段删除，设置"读者编号"为数据表主键。如图 2-15 所示。

图 2-14 修改后的字段名称

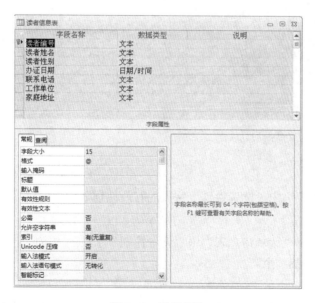

图 2-15 设置主键

（4）在设计视图中，按照表 2-2 所给的数据表结构依次修改字段的属性，然后单击"保存"按钮，保存修改后的"读者信息表"结构如图 2-15 所示。

（5）在"数据库"窗口中，双击"读者信息表"，在打开的数据表视图中输入"读者信息表"的记录。

六、实验 2-4

创建"基本信息表"、"图书类别表"和"借阅信息表"。

【实验要求】

根据表 2-3～表 2-5 所示的表的结构，合理地选择"表设计"或"表"两种方法来完成 3 张表的创建，并输入如图 2-16～图 2-18 所示的记录。

图 2-16 "基本信息表"

图 2-17 "图书类别表"

读者编号	书籍编号	借书日期	还书日期	超出天数	罚款金额
1	001	2010-12-14		0	0
1	007	2013-1-10	2013-2-15	0	0
2	002	2013-1-9		0	0
2	003	2012-10-9		0	0
3	005	2008-2-16		0	0

图 2-18 "借阅信息表"

【操作步骤】

见实验 2-2 和实验 2-3。

七、实验 2-5

设置"读者信息表"中"读者性别"字段的有效性规则。

【实验要求】

利用"表设计"将"读者信息表"中"读者性别"字段的内容限定在只能输入"男"或"女"这两个字当中的某一个。

【操作步骤】

（1）在"数据库"窗口中选择"读者信息表"，右单击"读者信息表"，选择"设计视图"打开数据表。

（2）在设计视图中选择"读者性别"字段，再选择"有效性规则"编辑框，在其中直接编辑该字段的有效性规则，设置有效性规则为""男"Or"女""，如图 2-19 所示。

（3）保存表，返回"数据库"窗口。

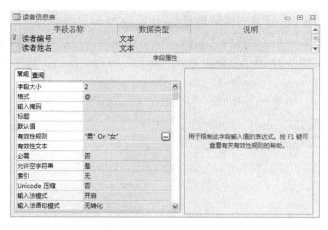

图 2-19　设置"读者性别"字段的有效性规则

八、实验 2-6

对"图书信息表"中的记录进行排序。

【实验要求】

按照"书籍价格"字段的值对"图书信息表"中的记录进行升序排序。

【操作步骤】

（1）在"数据库"窗口中选择"图书信息表"，双击后打开数据表视图。

（2）在"图书信息表"的数据表视图中选择要排序的"书籍价格"字段，然后单击"开始"功能选项卡，在弹出的"排序和筛选"功能区中单击"升序"按钮，即可实现如图 2-20 所示的排序结果。

图 2-20　"图书信息表"排序结果

九、实验 2-7

对"图书信息表"中的记录进行筛选。

【实验要求】

（1）从"图书信息表"中筛选出"水利水电出版社"出版的图书记录。

（2）从"图书信息表"中筛选出价格在 30 元以下且借出的图书记录。

【操作步骤】

（1）从"图书信息表"中筛选出"水利水电出版社"出版的图书记录。

① 在数据表视图中打开"图书信息表"。

② 单击"出版社"字段名称旁的箭头，在下拉列表的字段名称列表框中选择"水利水电出版社"选项，如图 2-21 所示，然后单击"确定"按钮，得出筛选结果，如图 2-22 所示。

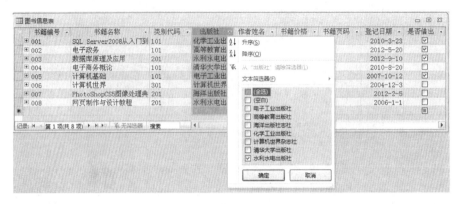

图 2-21　按选定内容筛选

图 2-22　筛选结果

（2）从"图书信息表"中筛选出出版价格在 30 元以下且借出的图书记录。

① 在数据表视图中打开"图书信息表"。

② 单击"排序和筛选"功能区上的"高级"按钮，选择"高级筛选/排序"选项，弹出所示的"高级筛选"窗口。

③ 单击"字段"后面的第 1 个单元格，在下拉列表中选定字段名为"价格"，在"条件"后面的单元格中输入"<30"，再从"字段"后面的第 2 个单元格中选定"是否借出"，在"条件"行输入"True"，如图 2-23 所示。

图 2-23　筛选窗口

④ 单击"排序和筛选"功能区上的"切换筛选"按钮，即可得到如图 2-24 所示的筛选结果。

图 2-24　筛选结果

十、实验 2-8

为"图书信息表"创建索引。

【实验要求】

给"图书信息表"中"类别代码"和"登记日期"创建多字段索引，要求按照"类别代码"的升序和"登记日期"的升序排序。

【操作步骤】

（1）在设计视图中打开"图书信息表"，单击"显示/隐藏"功能区中的"索引"按钮，打开该表的"索引"对话框。在该对话框中"索引名称"列下的第 1 个空白行中输入索引名称"图书索引"，在本行"字段名称"下选择"类别代码"，在"排序次序"下选择"升序"，并将"主索引"选项设置为"否"，"唯一索引"选项设置为"否"，"忽略空值"选项设置为"否"，如图 2-25 所示。

（2）在"图书索引"下第 1 个空白行的"字段名称"列中选择"登记日期"，在"排序次序"下选择"升序"，如图 2-26 所示。

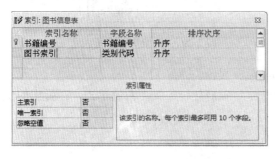

图 2-25　"索引"对话框

图 2-26　设计完成的多字段索引

（3）关闭"索引：图书信息表"对话框，返回"图书信息表"设计视图，单击"保存"按钮，完成索引的创建过程。

十一、实验 2-9

调整"读者信息表"的外观，包括：调整字段显示宽度和高度、隐藏列和显示列、冻结列、设置数据表格式及改变字体显示。调整结果如图 2-27 所示。

图 2-27　调整外观后的"读者信息表"

【实验要求】

（1）将"读者信息表"的行高设置为 15，列宽设置为"最佳匹配"。

（2）将"读者信息表"的"家庭地址"列隐藏、显示。

（3）将"读者信息表"的"读者姓名"列冻结。

（4）将"读者信息表"的单元格效果设置为凸起。

（5）将"读者信息表"的字体设置为蓝色隶书斜体 16 磅。

【操作步骤】

（1）将"读者信息表"的行高设置为 15，列宽设置为"最佳匹配"。

① 在数据表视图中打开"读者信息表"，单击"记录"功能区的"其他"按钮，在弹出的下拉菜单中选择"行高"命令，打开"行高"对话框，如图 2-28 所示，在"行高"文本框中输入 15，单击"确定"按钮，完成行高的设置。

② 单击"记录"功能区的"其他"按钮，在弹出的下拉菜单中选择"字段宽度"命令，打开"列宽"对话框，如图 2-29 所示，单击"最佳匹配"按钮，完成列宽的设置。

图 2-28　"行高"对话框　　　　　图 2-29　"列宽"对话框

（2）将"读者信息表"的"家庭地址"列隐藏、显示。

① 在数据表视图中打开"读者信息表"，选定"家庭住址"列，右键单击，在弹出的快捷菜单中选择"隐藏字段"命令，如图 2-30 所示，结果如图 2-31 所示。

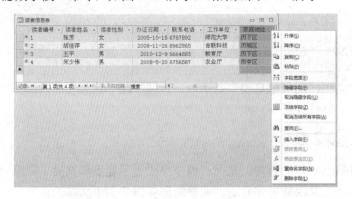

图 2-30　选定"家庭住址"列

读者编号 ▼	读者姓名 ▼	读者性别 ▼	办证日期 ▼	联系电话 ▼	工作单位 ▼	单击以添加
1	张芳	女	2005-10-15	6767892	师范大学	
2	胡佳萍	女	2008-11-26	8962865	吉联科技	
3	王平	男	2010-12-9	5664883	教育厅	
4	宋少伟	男	2008-5-20	6756587	农业厅	

图 2-31　隐藏"家庭住址"列

② 如果希望将"家庭住址"列显示出来，只需在任意字段右键单击，在弹出的快捷菜单中选择"取消隐藏字段"命令，即可弹出"取消隐藏列"对话框，如图 2-32 所示，在"列"列表中选中"家庭住址"，单击"关闭"按钮。

（3）将"读者信息表"的"读者姓名"列冻结。

在数据表视图中打开"读者信息表"，选定"读者姓名"列，右键单击，在弹出的快捷菜单中选择"冻结字段"命令。

（4）将"读者信息表"的单元格效果设置为凸起。

在数据表视图中打开"读者信息表"，单击"文本格式"功能区右下角的"设置数据表格式"按钮，打开"设置数据表格式"对话框，如图 2-33 所示，设置单元格格式效果为"凸起"，单元格的"替代颜色"和"背景色"均设置为"黑色"，单击"确定"按钮。

图 2-32　"取消隐藏列"对话框

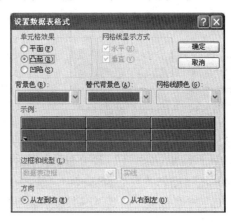

图 2-33　"设置数据表格式"对话框

（5）将"读者信息表"的字体设置为蓝色、隶书、斜体、16 磅。

在数据表视图中打开"读者信息表"，单击"文本格式"功能区的"字体"文本框，将"字体"设置为"隶书"，单击 *I* 按钮设置为"斜体"，"字号"设置为 16 磅，"颜色"设置为"蓝色"如图 2-34 所示。

图 2-34　"文本格式"功能区

十二、实验 2-10

为"图书馆查询管理"数据库中已创建完成的 5 张表建立表间的关联关系。

【实验要求】

（1）建立"图书类别表"与"图书信息表"之间的一对多关系。

（2）建立"图书信息表"与"借阅信息表"之间的一对多关系。

（3）建立"读者信息表"与"借阅信息表"之间的一对多关系。

【操作步骤】

（1）打开"图书馆查询管理"数据库。

（2）单击"数据库工具"选项卡，然后单击"关系"功能区中的"关系"按钮，打开关系窗口，在如图 2-35 所示的"显示表"对话框中依次将 5 张表添加到"关系"窗口中，然后关闭"显示表"对话框，结果如图 2-36 所示。

图 2-35 "显示表"对话框

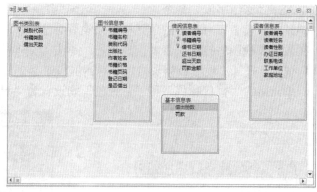

图 2-36 "关系"窗口

（3）在"关系"窗口中，将"图书类别表"中的字段"类别代码"拖到"图书信息表"中的字段"类别代码"上，松开鼠标，弹出"编辑关系"对话框，如图 2-37 所示。

（4）在"编辑关系"对话框中，选择"实施参照完整性"，再单击"创建"按钮，两表之间就有了一条联接，由此"图书类别表"和"图书信息表"间就建立了一对多的关联关系，如图 2-38 所示。

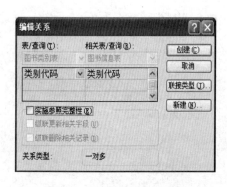

图 2-37 "编辑关系"对话框

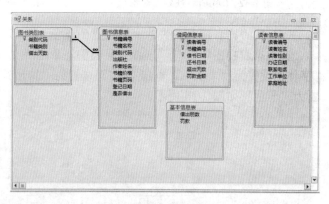

图 2-38 "图书类别表"与"图书信息表"间的一对多关系

（5）用同样的方法创建"图书信息表"与"借阅信息表"、"读者信息表"与"借阅信息表"之间的一对多关系。设计好的"图书查询管理"数据库中表间关联关系如图 2-39 所示。

（6）关闭"关系"窗口，在如图 2-40 所示的消息框中单击"是"按钮，保存关系布局的更改，完成表间关系的设计过程。

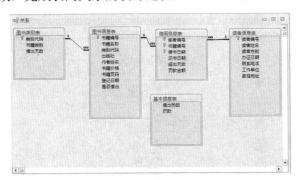

图 2-39 设计好的"关系"窗口　　　　　图 2-40 "保存关系"消息框

十三、能力测试

创建一个"学生选课管理系统"数据库，完成如下操作。

（1）根据高校学生选课管理工作的需要，在"学生选课管理系统"数据库中设计如下表格。

① 创建学生表，见表 2-6。

表 2-6　学生表

字 段 名 称	数 据 类 型	字 段 大 小	说　明
学号	文本	8	主键
姓名	文本	8	
性别	是/否		
出生日期	日期/时间		
政治面貌	文本	4	
院系	文本	40	
电话	文本	11	
照片	OLE 对象		
备注	文本	40	

② 创建课程表，见表 2-7。

表 2-7　课程表

字 段 名 称	数 据 类 型	字 段 大 小	说　明
课程代码	文本	6	主键
课程名称	文本	40	
任课教师	文本	8	
学时	数字	整型	
学分	数字	整型	

③ 创建选课表，见表 2-8。

表 2-8 选课表

字段名称	数据类型	字段大小	说明
学号	文本	8	与课程代码构成多字段主键
姓名	文本	8	
课程代码	文本	6	与学号构成多字段主键
成绩	数字	单精度型	小数位数为 1

④ 创建学生表和课程表之间的多对多关联关系，如图 2-41 所示。

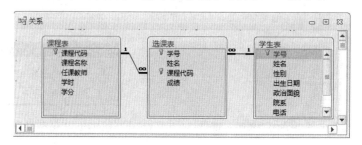

图 2-41 学生表与课程表之间的多对多的关系

（2）为上述 3 张表添加如下所示的记录，见图 2-42～图 2-44。

学生表

学号	姓名	性别	出生日期	政治面貌	院系	电话	照片	备注
20100005	王若斯	女	1991-1-16	党员	机电学院	18720103566		
20100027	海楠	女	1991-6-15	团员	信息学院	18720102756		
20100028	张雪	女	1991-3-20	团员	园艺学院	18720105628		
20110011	郑伟	男	1992-12-1	团员	外语学院	18720110088		
20110030	赵宏宇	男	1992-5-23	党员	信息学院	18720110038		
20110045	吴彤彤	女	1992-6-20	党员	林学院	18720115645		
20120013	李东海	男	1994-3-24	团员	外语学院	13685000245		
20120023	王楠楠	女	1994-1-1	团员	外语学院	13645687210		
20120045	胡学伟	男	1994-1-23	团员	林学院	18775483297		
20120078	吴彤彤	女	1993-12-15	党员	信息学院	13705381234		
20122304	吴明	男	1995-5-21	团员	资环学院	18721045698		
20123250	张雪	女	1995-3-21	团员	资环学院	18766654321		
20123276	尹文刚	男	1993-12-11	团员	信息学院	18700001256		
20123456	张雪妍	女	1993-4-6	党员	机电学院	18700538126		
20123796	张浩	男	1994-12-10	党员	园艺学院	18742317603		
20124578	孙晓刚	男	1994-10-30	团员	机电学院	13005381200		
20124778	王宏	女	1995-1-7	团员	园艺学院	18735461231		
20124786	陶薇薇	女	1994-1-11	团员	农学院	18723456789		
20126489	胡佳易	男	1994-1-25	团员	文法学院	18755555678		

记录: 第 1 项(共 19 项) 无筛选器 搜索

图 2-42 “学生表”记录

课程表

课程代码	课程名称	任课教师	学时	学分
101	高等数学	王海	90	5
103	离散数学	张彬	54	3
104	大学英语	李思琪	72	4
203	数据结构	张扬	54	3
208	园林规划设计	林海燕	72	4
304	VB程序设计	郑元喜	72	4
306	C++程序设计	王翔宇	90	5
401	大学语文	周汉祥	54	3
402	行政管理学	赵欣瑜	54	3

记录: 第 1 项(共 9 项) 无筛选器 搜索

图 2-43 “课程表”记录

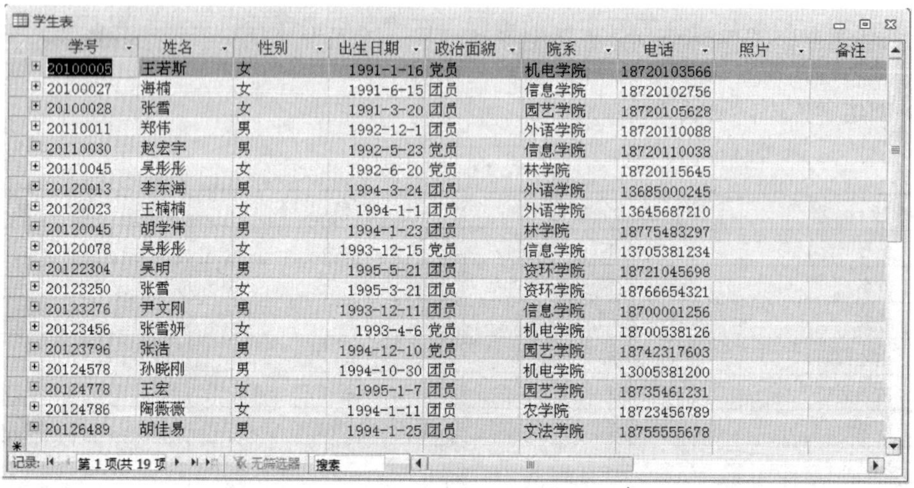

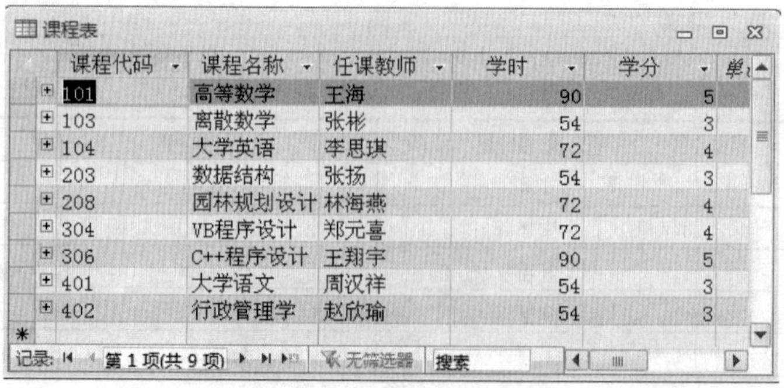

图 2-44 "选课表"记录

（3）给"选课表"中的"学号"、"姓名"和"课程代码"创建组合索引。

（4）在"学生表"中筛选出 2011 级的学生记录（学号的前 4 位表示年级）。

（5）在"选课表"中安装"课程代码"升序和"成绩"字段降序排序。

（6）筛选出 2012 级同学"大学英语"课程的成绩。

第三章 查 询

第一部分 理 论 题

一、填空题

1. 用表"学生名单"创建新表"学生名单 2",所使用的查询方式是_____。

2. 查询一个或多个表内查找某些特定的数据,完成数据的_____、定位和计算的功能,供用户查看。

3. 表"学生名单"的数据添加到"学生名单 2"中,所使用的查询方式是_____。

4. 窗体只能显示纵栏式窗体,子窗体可以显示数据表式窗体和_____式窗体。

5. 查询用于在一个或多个表内查找某些特定的数据,完成数据的检索、定位和_____的功能,供用户查看。

6. 表"学生名单"的记录删除,所使用的查询方式是_____查询。

7. 在 Access 中,函数 NOW() 返回值的含义是返回系统当前的_____和时间。

8. Access 中提供的字符串连接符"_____"和"+"。(用单符号表示)

9. 在 Access 中,函数 Int (3.45) 返回的值是_____。

10. 查询用于在一个或多个表内查找某些特定的数据,完成数据的检索、_____和计算的功能,供用户查看。

二、选择题

1. 将表 A 的记录复制到表 B 中,且不删除表 B 中的记录,可以使用的查询是_____。
    A. 删除查询　　　　B. 生成表查询　　C. 追加查询　　　　D. 交叉表查询

2. 利用对话框提示用户输入准则的查询是_____。
    A. 选择查询　　　　B. 生成表查询　　C. 参数查询　　　　D. 操作查询

3. 根据指定的查询准则,从一个或多个表中获取数据并显示结果的查询是_____。
    A. 选择查询　　　　B. 交叉表查询　　C. 参数查询　　　　D. 操作查询

4. 必须与其他查询相结合使用的查询是_____。
    A. 联合查询　　　　B. 传递查询　　　C. 数据定义查询　D. 子查询

5. Access 提供的参数查询可在执行时显示一个对话框以提示用户输入信息,只要将一般查询准则中的数据用_____替换,并在其中输入提示信息,就形成了参数查询。

A．（） B．<> C．{} D．[]

6．关于追加查询，说法不正确的是_____。

A．在追加查询与被追加记录的表中，只有匹配的字段才被追加

B．在追加查询与被追加记录的表中，不论字段是否匹配都将被追加

C．在追加查询与被追加记录的表中，不匹配的字段将被忽略

D．在追加查询与被追加记录的表中，不匹配的字段将不被追加

7．所有在 1 月 1 日和 5 月 31 日之间的日期，正确的表达式是_____。

A．>1.1&<5.31 B．>1.1 and<5.31

C．>1/1 and<5/31 D．>=1/1 and <=5/31

8．查询条件为"第 2 个字母为 a 第 3 个字母为 c 后面有个 st 连在一起"的表达式为_____。

A．Like "*acst" B．Like "#acMYMst"

C．Like "?ac*st*" D．Like "?ac*st?"

9．在 Access 中，Between 的含义是_____。

A．用于指定一个字段值的列表，列表中的任意一个值都可与查询的字段相匹配

B．用于指定一个字段值的范围，指定范围之间用 And 连接

C．用于指定查找文本字段的字符模式

D．用于指定一个字段为空

10．在下列函数中，用来表示"返回字符表达式中的字符个数"的函数是_____。

A．Len B．Count C．Trim D．Sum

11．一个书店的老板想将 Book 表的书名设为主键，考虑到有重名的书的情况，但相同书名的作者都不相同。根据店主的需要，可定义适合的主键为_____。

A．定义自动编号主键 B．将书名和作者结合定义多字段主键

C．不定义主键 D．增加一个内容无重复的字段定义为单字段主键

12．将成绩在 90 分以上的记录找出后放在一个新表中，比较合适的查询是_____。

A．删除查询 B．追加查询 C．更新查询 D．生成表查询

13．创建一个交叉表查询，在"交叉表"行上有且只能有一个的是_____。

A．行标题、列标题和值 B．列标题和值

C．行标题和值 D．行标题和列标题

14．对"将信电系 1998 年以前参加工作的教师的职称改为教授"合适的查询方式为_____。

A．生成表查询 B．更新查询 C．删除查询 D．追加查询

15．SQL 查询语句中，对选定的字段进行排序的子句是_____。

A．WHERE B．FROM C．HAVING D．ORDER BY

16．下列不属于查询视图的是_____。

A．设计视图 B．模板视图 C．数据表视图 D．SQL 视图

17．在 Access 的 5 个最主要的查询中，能从一个或多个表中检索数据，在一定的限制条件下，还可以通过此查询方式来更改相关表中记录的是_____。

A．选择查询 B．参数查询 C．操作查询 D．SQL 查询

18．下面的查询方式中不属于操作查询的是_____。

A．选择查询 B．删除查询 C．更新查询 D．追加查询

19. 在查询中要统计记录的个数，使用的函数是_____。

    A．COUNT（列名）   B．SUM   C．COUNT(*)   D．AVG

20. 对查询功能的叙述中正确的是_____。

    A．在查询中，选择查询可以只选择表中的部分字段，通过选择一个表中的不同字段生成同一个表

    B．在查询中，编辑记录主要包括添加记录、修改记录、删除记录和导入、导出记录

    C．在查询中，查询不仅可以找到满足条件的记录，而且还可以在建立查询的过程中进行各种统计计算

    D．以上说法均不对

第二部分　实　验　题

一、实验目的

（1）利用设计视图创建多表的简单查询。

（2）使用向导来创建查询。

（3）在设计视图中创建参数查询。

（4）在设计视图中创建操作查询。

（5）在设计视图中创建总计查询。

（6）在查询设计视图中添加计算字段。

二、实验 3-1

创建一个名为"查询_还书"的多表查询。

【实验要求】

以"图书信息表"、"图书类别表"、"借阅信息表"和"读者信息表"作为数据来源，查找借出图书的相关资料，查询结果如图 3-1 所示。

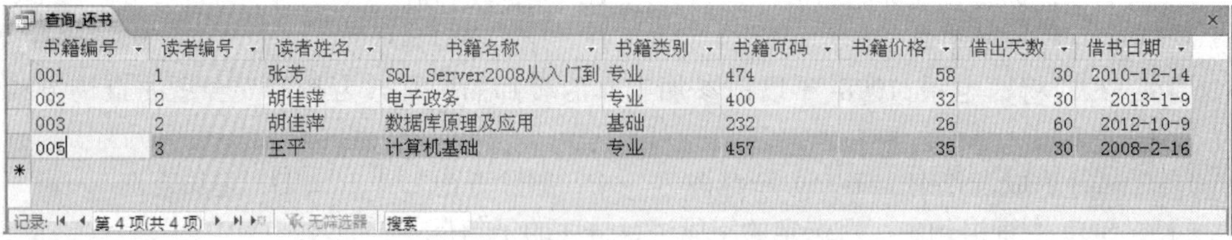

书籍编号	读者编号	读者姓名	书籍名称	书籍类别	书籍页码	书籍价格	借出天数	借书日期
001	1	张芳	SQL Server2008从入门到	专业	474	58	30	2010-12-14
002	2	胡佳萍	电子政务	专业	400	32	30	2013-1-9
003	2	胡佳萍	数据库原理及应用	基础	232	26	60	2012-10-9
005	3	王平	计算机基础	专业	457	35	30	2008-2-16

记录: ◀ ◀ 第 4 项(共 4 项) ▶ ▶▶ ▶* 无筛选器 搜索

图 3-1　查询结果表

【操作步骤】

（1）选择"创建"选项卡的"查询"组，单击"查询设计"按钮。屏幕弹出查询设计视图窗口和一个"显示表"对话框，如图 3-2 所示。

（2）在"显示表"对话框中，一次选定查询所需要的数据来源表并单击"添加"按钮，将它们分别添加到查询设计器中，如图 3-3 所示，然后关闭"显示表"对话框。

图 3-2　"查询设计器"窗口和"显示表"对话框

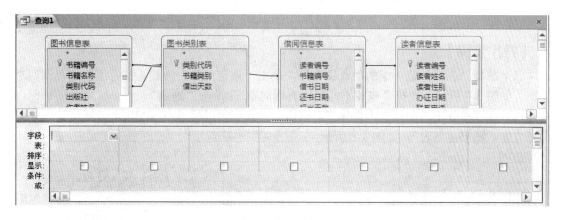

图 3-3　确定数据源

（3）在"设计网格"区的"字段"行中分别选定各列所要显示的字段内容，在"是否借出"列的"条件"行输入"-1"或"True"并取消选中"显示"复选框，如图 3-4 所示。

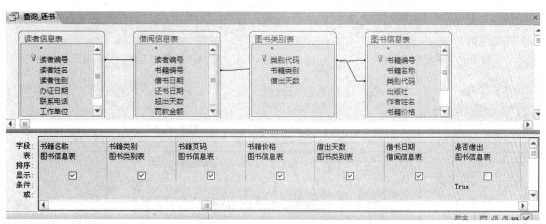

图 3-4　设计完成的多表查询

（4）单击快速访问工具栏中的"保存"按钮 ![保存图标]，这时出现一个"另存为"对话框，在"查询名称"文本框中输入"查询_还书"，如图 3-5 所示。

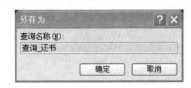

图 3-5 "另存为"对话框

三、实验 3-2

创建名为"从未借出图书"的查询，找出从未借出去过的书籍信息。

【实验要求】

使用"查找不匹配项查询向导"，以"图书信息表"和"借阅信息表"作为数据来源，查找从未借出去过的书籍信息，查询结果如图 3-6 所示。

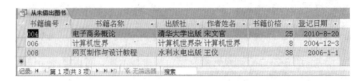

图 3-6 查询结果

【操作步骤】

（1）选择"创建"选项卡的"查询"组，单击"查询向导"按钮，打开"新建查询"对话框，如图 3-7 所示，选择"查找不匹配项查询向导"，单击"确定"。

（2）在"查找不匹配项查询向导"对话框中，选择用以搜寻不匹配项的表或查询，这里选择"表：图书信息表"，如图 3-8 所示。

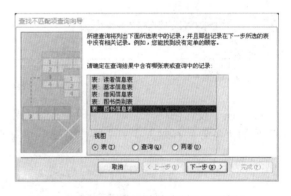

图 3-7 "新建"对话框　　　　图 3-8 "查找不匹配项查询向导"对话框 1

（3）单击"下一步"按钮，选择哪张表或查询包含相关记录，在这里选择"表：借阅信息表"，如图 3-9 所示。

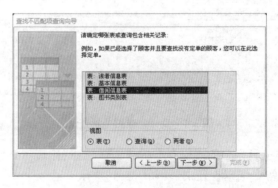

图 3-9 "查找不匹配项查询向导"对话框 2

（4）单击"下一步"按钮，在此对话框中确定在两张表中都有的信息，例如，两张表中都有一个"书籍编号"字段，如图 3-10 所示。在两张表中选择匹配的字段，然后单击 <=> 按钮。

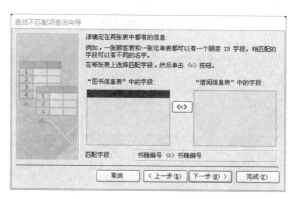

图 3-10 "查找不匹配项查询向导"对话框 3

（5）单击"下一步"按钮，在对话框中选择查询结果中所需的字段，如图 3-11 所示。

（6）单击"下一步"按钮，弹出"完成"对话框，输入查询名称，然后，再选择"查看结果"或"修改设计"项。如图 3-12 所示。

图 3-11 "查找不匹配项查询向导"对话框 4

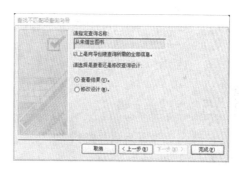

图 3-12 "查找不匹配项查询向导"对话框 5

四、实验 3-3

创建名为"按出版社查询图书"的参数查询，根据输入的出版社名称来查询书籍信息。

【实验要求】

以"图书信息表"作为数据来源，查找指定出版社出版的书籍信息，在如图 3-15 所示的对话框中输入"水利水电出版社"，单击"确定"按钮，查询结果如图 3-13 所示。

【操作步骤】

（1）选择"创建"选项卡的"查询"组，单击"查询设计"按钮。屏幕弹出查询设计视图窗口和一个"显示表"对话框，双击添加"图书信息表"，关闭"显示表"对话框。

（2）分别选定各列所要显示的字段内容，并在"出版社"列的"条件"行输入"[请输入出版社：]"，如图 3-14 所示。

（3）单击快速访问工具栏中的"保存"按钮 ，这时出现一个"另存为"对话框，在"查询名称"文本框中输入"按出版社查询图书"。如图 3-16 所示。

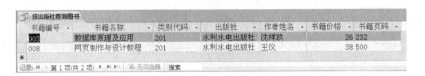

图 3-13　查询结果

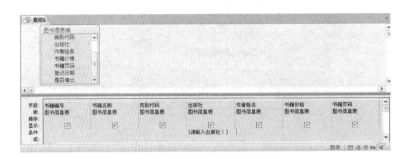

图 3-14　查询设计器设置界面

图 3-15　"输入参数值"对话框

图 3-16　"另存为"对话框

五、实验 3-4

创建名为"更新读者资料"的更新查询，根据输入的"读者编号"和"工作单位"来更新读者信息。

【实验要求】

以"读者信息表"作为数据来源，根据在如图 3-17 所示的"输入参数值"对话框中输入的值来定位到指定记录，并用在如图 3-18 所示的"输入参数值"对话框中输入的值来更新读者的工作单位。

【操作步骤】

（1）选择"创建"选项卡的"查询"组，单击"查询设计"按钮。屏幕弹出查询设计视图窗口和一个"显示表"对话框，双击"读者信息表"，关闭"显示表"对话框。

（2）双击查询设计视图中字段列表区"读者信息表"中的"工作单位"字段和"读者编号"字段，将它们加入到设计网格的"字段"行中。

（3）单击"设计"选项卡下"查询类型"组中的"更新查询"按钮 ，如图 3-19 所示。此时可以看到在查询设计视图中新增一个"更新到"行。在"更新到"行的"工作单位"字段列下的单元格输入"[请输入新的工作单位]"；在"条件"行的"读者编号"字段列下的单元格输入"[请输入读者编号：]"，如图 3-20 所示。

（4）单击快速访问工具栏中的"保存"按钮，出现"另存为"对话框，给更新查询命名为"更新读者资料"，单击"确定"按钮，完成查询的设计过程。

（5）运行查询时会出现如图 3-17 所示的提示框，输入读者编号单击"确定"按钮后，会出现如图 3-18 所示的提示框，输入新的工作单位后单击"确定"按钮，就可以实现更新。

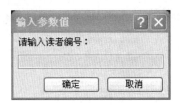

图 3-17　输入读者编号

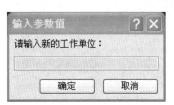

图 3-18　输入新的工作单位

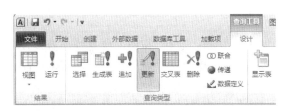

图 3-19　选择查询类型

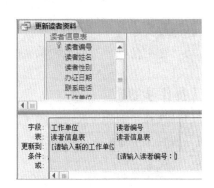

图 3-20　查询设计视图

六、实验 3-5

创建名为"删除书籍类别"的删除查询，将指定书籍记录删除。

【实验要求】

以"图书类别表"作为数据来源，将书籍类别为"报刊"的记录删除。

【操作步骤】

（1）建立表名为"图书类别表备份"的备份表。

（2）选择"创建"选项卡的"查询"组，单击"查询设计"按钮。屏幕弹出查询设计视图窗口和一个"显示表"对话框。双击添加"图书类别表备份"，关闭"显示表"对话框。

（3）单击"设计"选项卡下"查询类型"组中的"删除查询"按钮 ✕!，即可看到在查询设计视图中新增了一个"删除"行。

（4）在查询设计视图的字段列表区，将"图书类别表备份"字段表中的"*"拖放到字段栏中（"*"代表所有字段），再将"书籍类别"字段加到设计视图"字段"行的第 2 列中，并在该字段的条件列输入""报刊""。如图 3-21 所示。

（5）单击快速访问工具栏中的"保存"按钮，出现"另存为"对话框，将查询命名为"删除书籍类别"，单击"确定"按钮，完成查询的设计过程。

（6）运行删除查询时会出现如图 3-22 所示的提示框，确定要删除请选择"是"，在数据表视图中打开"图书类别表备份"会发现删除后的结果；放弃删除请选择"否"。

七、实验 3-6

创建名为"生成水利表"的生成表查询，生成"水利水电出版社"表，并添加符合条件的记录。

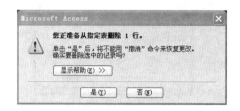

图 3-21 查询设计视图　　　　　　　　　图 3-22 系统消息框

【实验要求】

以"图书信息表"作为数据来源，生成"水利水电出版社"数据表，并将所有"水利水电出版社"出版的图书记录添加到表中。

【操作步骤】

（1）选择"创建"选项卡的"查询"组，单击"查询设计"按钮。屏幕弹出查询设计视图窗口和一个"显示表"对话框。在"显示表"对话框中单击"表"选项卡，双击"图书信息表"。

（2）在查询设计视图中，双击"图书信息表"中的"*"添加到字段列中，双击"出版社"列添加到字段列中，在该字段的条件行中输入""水利水电出版社""。如图 3-23 所示。

（3）单击"设计"选项卡下"查询类型"组中的"生成表查询"按钮，打开"生成表"对话框，如图 3-24 所示。在"表名称"文本框中输入新表名"水利水电出版社"，然后选择"当前数据库"单选项，最后单击"确定"按钮。

图 3-23 查询设计视图　　　　　　　　　图 3-24 "生成表"对话框

（4）单击工具栏上的"运行"按钮，这时系统弹出一个提示对话框，点击"是"按钮即可生成该表，如图 3-25 所示。

（5）单击快速访问工具栏中的"保存"按钮，出现"另存为"对话框，将查询命名为"生成水利表"，单击"确定"按钮，完成查询的设计过程。

图 3-25 系统消息框

八、实验 3-7

创建名为"追加水利"的追加查询，将符合条件的记录追加到指定表中。

注意：追加查询需要有目标表，对于【实验 3-6】中的添加记录操作同样可以用追加查询来实现，但前提是"水利水电出版社"数据表已经存在，且不存在主键字段上的重复信息。为了进行本实验，需先将"水利水电出版社"表中的记录全部删除，否则会出现错误提示。

【实验要求】

以"图书信息表"作为数据来源，将所有"水利水电出版社"出版的图书记录追加到"水利水电出版社"表中。

【操作步骤】

（1）选择"创建"选项卡的"查询"组，单击"查询设计"按钮。屏幕弹出查询设计视图窗口和一个"显示表"对话框。双击"图书信息表"，关闭"显示表"对话框。

（2）单击"设计"选项卡下"查询类型"组中的"追加查询"按钮，打开"追加"对话框，在"追加"对话框中，从"表名称"下拉列表中选定"水利水电出版社"，如图 3-26 所示，然后单击"确定"按钮。

（3）在查询设计视图的字段列表区，双击"图书信息表"中"*"，双击"出版社"添加字段列，在该字段列的条件行中输入条件：""水利水电出版社""，如图 3-27 所示。

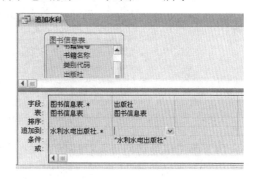

图 3-26 "追加"对话框　　　　　　　　图 3-27 查询设计视图

（4）单击快速访问工具栏中的"保存"按钮，出现"另存为"对话框，将查询命名为"追加水利"，单击"确定"按钮，完成查询的设计过程。

（5）单击工具栏上的"运行"按钮，这时系统弹出一个提示对话框，点击"是"按钮即可完成追加，如图 3-28 所示。

九、实验 3-8

创建名为"读者所接图书类别总计"的交叉表查询，显示每位读者所借不同类别图书的数量。

【实验要求】

以"读者信息表"、"借阅信息表"、"图书信息表""图书类别表"作为数据来源，统计每位读者所借不同类别图书的数量，查询结果如图 3-29 所示。

注意：对于单一数据源的交叉表查询可使用"交叉表查询向导"实现，但对于多数据源表的交叉表查询只能在设计视图中创建。

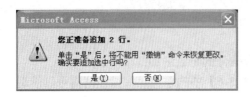

图 3-28　系统消息框　　　　　　　　　　　　图 3-29　查询结果

（1）选择"创建"选项卡的"查询"组，单击"查询设计"按钮。屏幕弹出查询设计视图窗口和一个"显示表"对话框。双击"读者信息表"、"借阅信息表"、"图书信息表""图书类别表"，关闭"显示表"对话框。

（2）单击"设计"选项卡下"查询类型"组中的"交叉表"查询按钮▦，在"表"和"排序"之间插入了"总计"行和"交叉表"行。

（3）双击"读者姓名"、"书籍类别"、"书籍编号"添加到字段行，单击"读者姓名"字段列中的"交叉表"栏，从列表框中选择"行标题"项；单击"书籍类别"字段列中的"交叉表"栏，从列表框中选择"列标题"项；单击"书籍编号"字段列中的"交叉表"栏，从列表框中选择"值"项，单击"总计"栏，选择"计数"。如图 3-30 所示。

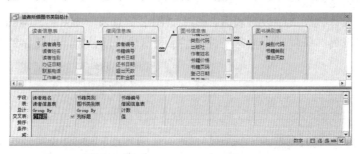

图 3-30　查询设计视图

（4）单击快速访问工具栏中的"保存"按钮，出现"另存为"对话框，将查询命名为"读者所借图书类别总计"，单击"确定"按钮，完成查询的设计过程。

十、实验 3-9

创建名为"读者累计借书册数"的总计查询，显示每位读者累计所借图书的数量。

【实验要求】

以"读者信息表"和"借阅信息表"作为数据来源，统计每位读者累计所借图书的数量，查询结果如图 3-31 所示。

【操作步骤】

（1）选择"创建"选项卡的"查询"组，单击"查询设计"按钮。屏幕弹出查询设计视图窗口和一个"显示表"对话框。双击"读者信息表"、"借阅信息表"，关闭"显示表"对话框。

（2）双击字段列表区"读者信息表"中的"读者编号"和"读者姓名"、"借阅信息表"中的"书籍编号"字段，将它们加入到设计网格中，单击窗口工具栏中的"汇总"按钮 Σ。

（3）将"书籍编号"列下"总计"行的总计项改为"计数"，并在"书籍编号"前添加"累计借书册数："文字（用于修改该列显示标题），如图 3-32 所示。

（4）单击快速访问工具栏中的"保存"按钮，出现"另存为"对话框，将查询命名为"读者累计借书册数"，单击"确定"按钮，完成查询的设计过程。

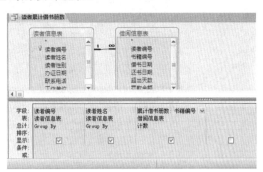

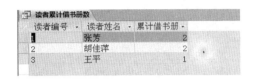

图 3-31 查询结果　　　　　　　　　　图 3-32 查询设计视图

十一、实验 3-10

创建名为"超期天数"的计数查询，显示读者借出超期未还信息。

【实验要求】

以"读者信息表"、"借阅信息表"、"图书信息表"、"图书类别表"作为数据来源，统计每位读者手中超期且尚未归还图书的超期天数，查询结果如图 3-33 所示（以当前时间为准）。

图 3-33 查询结果

【操作步骤】

（1）选择"创建"选项卡的"查询"组，单击"查询设计"按钮。屏幕弹出查询设计视图窗口和一个"显示表"对话框。双击"读者信息表"、"借阅信息表"、"图书信息表"、"图书类别表"，关闭"显示表"对话框。

（2）双击字段列表区"读者信息表"中的"读者编号"和"读者姓名"、"图书信息表"中的"书籍编号"和"书籍名称"、"借阅信息表"中的"还书日期"字段，将它们加入到设计网格中，并在"还书日期"列的"条件"行中输入"Is Null"，同时取消选中"显示"复选框的选中。

（3）在"字段"行的第一个空白列中输入"超期天数:Date()-[借书日期]-[借出天数]"，并在该列的"条件"行中输入">0"，如图 3-34 所示（注意：借出天数指应该借出的天数）。

（4）单击快速访问工具栏中的"保存"按钮，出现"另存为"对话框，将查询命名为"超期天数"，单击"确定"按钮，完成查询的设计过程。

十二、能力测试

利用第 2 章能力测试所创建的"学生选课系统"数据库，完成如下操作。

（1）使用查询设计器对"学生表"创建选择查询"查询_学生"；所选择的字段有学号、

姓名、院系、专业。

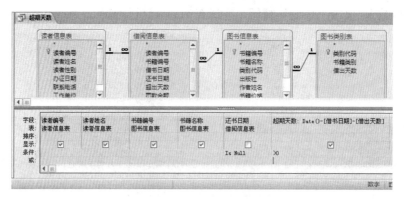

图 3-34 查询设计视图

（2）创建交叉表查询“查询_总成绩”，显示每名学生的各科总成绩，查询结果如图 3-35 所示。

姓名	总计 成绩	C++程序设计	VB程序设计	大学英语	大学语文	高等数学	离散数学	数据结构	园林规划设
海楠	79							79	
胡佳易	84		84						
李东海	78			78					
孙晓刚	268			87	88	93			
王楠楠	85					85			
吴明	175			85	90				
吴彤彤	173			90					83
尹文刚	81	81							
张浩	168					90		78	
张雪	83						83		
赵宏宇	80							80	
郑伟	90				90				

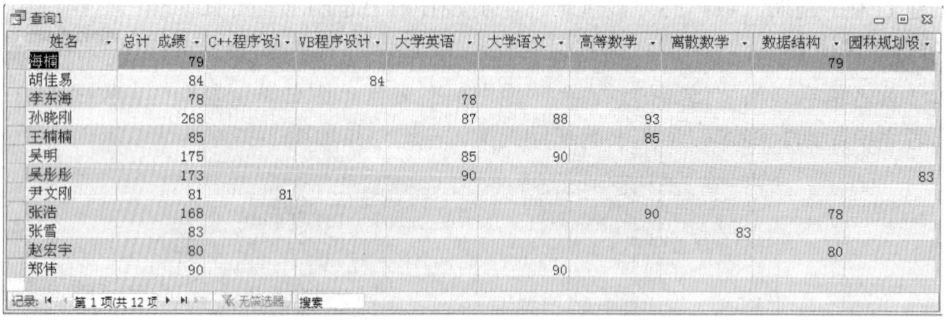

图 3-35 “查询_总成绩”查询结果

（3）创建查询“查询_同名”，在学生表中查找出所有姓名相同的学生信息。

（4）创建查询“查询_未选课”，要求显示所有未选课学生的相关信息。

（5）创建查询“查询_成绩”，要求显示学生选课相关内容，包括，学号、姓名、院系、课程名称、任课教师、学分和成绩。

（6）创建计算查询“查询_各院系人数”，要求显示各院系学生人数。

（7）创建查询“查询_参数”，要求根据输入的院系名称，显示该院系的所有学生信息。

（8）创建查询“查询_课程”，将课程名称为“法语”的任课教师改为“王平”。

（9）学校新开设如下课程，见表 3-1 中所列。试创建追加查询“查询_新课程”把它们添加到课程表中。

表 3-1 新课程

课程代码	课程名称	任课教师	学时	学分
005	系统集成	董伟平	36	2

（10）学生“张雪”因故退学，试创建相关的删除查询“查询_退学”。

第四章 结构化查询语言 SQL

第一部分 理 论 题

一、填空题

1. 在 SQL 语句中空值用_____表示。

2. 假设图书管理数据库中有 3 个表，图书、读者和借阅。它们的结构分别如下。

图书(总编号 TEXT(6)，分类号 TEXT(8),书名 TEXT(16),出版单位 TEXT(20),单价 SINGLE)

读者(借书证号 TEXT(4),单位 TEXT(8),姓名 TEXT(6),性别 TEXT(2),职称 TEXT(6), 地址 TEXT(20))

借阅(借书证号 TEXT(4),总编号 TEXT(6),借书日期 DATE)

如果要查询借阅了两本和两本以上图书的读者姓名和单位，请对下面 SQL 语句填空。

SELECT 姓名,单位

FROM 读者

WHERE 借书证号 IN

(SELECT _____

FROM 借阅

GROUP BY 借书证号

_____COUNT(*)>=2)

3. "学院"表如下。

系号	系名
01	英语
02	会计
03	工商管理

使用 SQL 语句将一条新的记录插入学院表：

INSERT_____学院(系号,系名) _____ ("04","计算机")

4. "教师"表如下。

职工号	姓名	职称	年龄	工资	系号
11020001	肖天海	副教授	35	2000.00	01

11020002	王岩盐	教授	40	3000.00	02
11020003	刘星魂	讲师	25	1500.00	03
11020004	张月新	讲师	30	1500.00	04
11020005	李明玉	教授	34	2000.00	05
11020006	孙民山	教授	47	2100.00	06
11020007	钱无名	教授	49	2200.00	07

使用 SQL 语句完成如下操作（将所有教授的工资提高 5%）：

_____教师 SET 工资=工资*1.05_____职称="教授"

5. _____是指只有满足连接条件的记录才包含在查询结果中。

6. 设有图书管理数据库：

图书(总编号 TEXT(6),分类号 TEXT(8),书名 TEXT(16),作者 TEXT(6),出版单位 TEXT(20),单价 SINGLE)

读者(借书证号 TEXT(4),单位 TEXT(8),姓名 TEXT(6),性别 TEXT(2),职称 TEXT(6),地址 TEXT(20))

借阅(借书证号 TEXT(4),总编号 TEXT(6),借书日期 DATE)

检索书价在 15～25 元(含 15 元和 25 元)之间的图书的书名、作者、书价和分类号，结果按分类号升序排序。

SELECT 书名,作者,单价,分类号 FROM 图书

WHERE_____

ORDER BY_____

7. 设有如下关系表 R、S 和 T：

R(BH,XM,XB,DWH)

S(SWH,DWM)

T(BH,XM,XB,DWH)

实现 R∪T 的 SQL 语句是_____。

8. 在 SQL 中，测试列值是否为空值用_____运算符号，测试列值是否为非空值用_____运算符号。

9. 在 SQL 中，用_____子句消除重复出现的元组。

10. 在 SQL 中，用_____命令可以从表中删除行。

11. 设有如下关系表 R：

R(NO,NAME,SEX,AGE,CLASS)

主键是 NO，其中 NO 为学号，NAME 为姓名，SEX 为性别，AGE 为年龄，CLASS 为班号。写出实现下列功能的 SQL 语句。

插入一个记录（25,"李明","男",21,"95031"）；_____。

12. 设有如下关系表 R：

R(NO,NAME,SEX,AGE,CLASS)

主关键字是 NO,其中 NO 为学号，NAME 为姓名，SEX 为性别，AGE 为年龄，CLASS 为班号。写出实现下列功能的 SQL 语句。

插入"95031"班学号为 30，姓名为"郑和"的学生记录；_____。

13. 设有如下关系表 R：

R(NO,NAME,SEX,AGE,CLASS)

主关键字是 NO，其中 NO 为学号(数值型)，NAME 为姓名，SEX 为性别，AGE 为年龄，CLASS 为班号。写出实现下列功能的 SQL 语句。

将学号为 10 的学生姓名改为"王华"；_____。

14．设有如下关系表 R：

R(NO,NAME,SEX,AGE,CLASS)

主关键字是 NO,其中 NO 为学号，NAME 为姓名，SEX 为性别，AGE 为年龄，CLASS 为班号。写出实现下列功能的 SQL 语句。

将所有"96101"班号改为"95101"；_____。

15．设有如下关系表 R：

R(NO,NAME,SEX,AGE,CLASS)

主关键字是 NO,其中 NO 为学号(数值型)，NAME 为姓名，SEX 为性别，AGE 为年龄，CLASS 为班号。写出实现下列功能的 SQL 语句。

删除学号为 20 的学生记录；_____。

设有图书管理数据库：

图书(总编号 TEXT(6),分类号 TEXT(8),书名 TEXT(16),作者 TEXT(6),出版单位 TEXT(20),单价 SINGLE)

读者(借书证号 TEXT(4),单位 TEXT(8),姓名 TEXT(6),性别 TEXT(2),职称 TEXT(6),地址 TEXT(20))

借阅(借书证号 TEXT(4),总编号 TEXT(6),借书日期 DATE)

16．用 SQL 的 CREATE 命令建立借阅表（字段顺序要相同），请对下面的 SQL 语句填空：_____

17．对图书管理数据库，查询图书表中的所有元组。请对下面的 SQL 语句填空：_____

18．对图书管理数据库，查询所有已借出的书名。请对下面的 SQL 语句填空：

SELECT 书名 FROM 图书
WHERE 总编号 _____

19．对图书管理数据库，求共借出多少种图书。请对下面的 SQL 语句填空：

SELECT _____ FROM 借阅

20．对于图书管理数据库，将图书表中电子工业出版社的图书的单价涨价 10%。请对下面的 SQL 语句填空：

UPDATE 图书 _____ WHERE 出版单位="电子工业出版社"

21．对于图书管理数据库，要查询"高等教育出版社"和"电子工业出版社"的图书，并按出版单位进行降序排序，请对下面的 SQL 语句填空：

SELECT 书名,作者,出版单位 FROM 图书
WHERE 出版单位="高等教育出版社" _____

22．对于图书管理数据库，如下的 SQL 命令：

SELECT 书名,作者,出版单位 FROM 图书
WHERE 出版单位="高等教育出版社" OR 出版单位="电子工业出版社"

其中，WHERE 短语后的出版单位="高等教育出版社" OR 出版单位="电子工业出版社"对应的关系操作是_____。

23．对于图书管理数据库，要查询借阅了两本和两本以上图书的读者姓名和单位，请对下面的 SQL 语句填空：

SELECT 姓名,单位 FROM 读者

WHERE 借书证号 IN(SELECT ＿＿＿＿＿＿ FROM 借阅

GROUP BY 借书证号＿＿＿＿＿＿ COUNT(*)>=2)

24. 对于图书管理数据库,查询每类图书的册数和平均单价。请对下面的 SQL 语句填空:

SELECT 分类号,＿＿＿＿＿＿FROM 图书＿＿＿＿＿＿分类号

25. 对于图书管理数据库,查询每类图书中多于 1 册的册数和平均单价。请对下面的 SQL 语句填空:

SELECT 分类号,COUNT(*),AVG(单价) FROM 图书

＿＿＿＿＿＿ 分类号 ＿＿＿＿＿＿

26. 对于图书管理数据库,检索书名是以"Internet"开头的所有图书的书名和作者。请对下面的 SQL 语句填空:

SELECT 书名,作者 FROM 图书 WHERE＿＿＿＿＿＿

27. SQL 插入记录的命令是 INSERT ,删除记录的命令是＿＿＿＿＿＿,修改记录的命令是＿＿＿＿＿＿。

28. 从职工数据库表中计算工资合计的 SQL 语句是:

SELECT＿＿＿＿＿＿ FROM 职工

29. 将学生表 STUDENT 中的学生年龄(字段名是 AGE)增加 1 岁,应该使用的 SQL 命令是:

UPDATE STUDENT＿＿＿＿＿＿。

30. 设有学生选课表 SC(学号,课程号,成绩),用 SQL 语言检索每门课程的课程号及平均分的语句是(关键字必须拼写完整):

SELECT 课程号,AVG(成绩) FROM SC＿＿＿＿＿＿。

31. 有如下三个表。

零件:零件号 TEXT(2),零件名称 TEXT(10),单价 SINGLE,规格 TEXT(8)

使用零件:项目号 TEXT(2),零件号 TEXT(2),数量 INTEGER

项目:项目号 TEXT(2),项目名称 TEXT(20),项目负责人 TEXT(10),电话 TEXT(20)

查询与项目"s1"(项目号)所使用的任意一个零件相同的项目号、项目名称、零件号和零件名称,使用的 SQL 语句是:

SELECT 项目.项目号,项目名称,使用零件.零件号,零件名称

FROM 项目,使用零件,零件 WHERE 项目.项目号＝使用零件.项目号＿＿＿＿＿＿

使用零件.零件号＝零件.零件号 AND 使用零件.零件号＿＿＿＿＿＿

(SELECT 零件号 FROM 使用零件 WHERE 使用零件.项目号＝'s1')

32. 本题使用如下三个数据库表。

金牌榜 国家代码 TEXT(3),金牌数 INTEGER,银牌数 INTEGER,铜牌数 INTEGER

获奖牌情况 国家代码 TEXT(3),运动员名称 TEXT(20),项目名称 TEXT(30),名次 INTEGER

国家 国家代码 TEXT(3),国家名称 TEXT(20)

"金牌榜"表中一个国家一条记录;"获奖牌情况"表中每个项目中的各个名次都

有一条记录，名次只取前 3 名，例如，使用"获奖牌情况"和"国家"两个表查询"中国"所获金牌（名次为 1）的数量，应使用 SQL 语句：

SELECT COUNT(*) FROM 国家 INNER JOIN 获奖牌情况

　　_____国家.国家代码 = 获奖牌情况.国家代码

WHERE 国家.国家名称 ="中国" AND 名次=1

33．"金牌榜"表中一个国家一条记录："获奖牌情况"表中每个项目中的各个名次都有一条记录，名次只取前 3 名，例如，将金牌榜中的新增加的字段奖牌总数设置为金牌数、银牌数、铜牌数三项的和，应使用 SQL 语句

　　_____金牌榜_____奖牌总数=金牌数+银牌数+铜牌数

34．在 SQL 的 SELECT 查询中使用_____子句消除查询结果中的重复记录。

35．使用 SQL 的 CREATE TABLE 语句建立数据库表时，使用_____子句说明主键。

36．在 SQL 的 SELECT 语句进行分组计算查询时，可以使用_____子句来去掉不满足条件的分组。

37．查询设计器的"排序依据"选项卡对应于 SQL SELECT 语句的_____短语。

38．SQL SELECT 语句的功能是_____。

39．"职工"表有工资字段，计算工资合计的 SQL 语句是 SELECT _____FROM 职工。

40．要在"成绩"表中插入一条记录，应该使用的 SQL 语句是：_____ 成绩(学号,英语,数学,语文) VALUES ("2001100111",91,78,86)。

41．SQL 一词是"Structured Query Language"，中文的意思是_____。

42．SQL 按其功能可分为三大部分，数据定义语言，数据操纵语言和_____语言。

43．SQL 有两种使用方式，一种是联机使用方式，另一种是_____方式。虽然使用方式不同，SQL 的语法结构是一致的。

44．在建立好数据库的表后，有时需要对表的结构进行修改，包括对数据的修改和对约束的修改，用_____语句可以对表的结构及其约束进行修改。

45．在总计函数中，求总和的函数名称是_____。

46．在总计函数中，求平均值的函数名称是_____。

47．在总计函数中，求最小值的函数名称是_____。

48．在总计函数中，求最大值的函数名称是_____。

49．在 WHERE 子句中限制条件，判断列值是否满足指定的空间，使用_____AND 子句。

50．在检索信息时可以通过 WHERE 子句指定检索的条件，而且还提供了 NOT、OR 和_____三种运算符。

51．通过_____操作可以把两个或两个以上的查询结果合并到一个结果集中。

52．在 UNION 操作中，如果不指明_____子句将删除重复行。

二、选择题

1．SQL 查询语句中 ORDER BY 子句的功能是_____。

　　A．对查询结果进行排序　　　　B．分组统计查询结果
　　C．限定分组检索结果　　　　　D．限定查询条件

2．SQL 查询语句中 HAVING 子句的作用是_____。

　　A．指出分组查询的范围　　　　B．指出分组查询的值

    C. 指出分组查询的条件   D. 指出分组查询的字段

3. SQL 的数据操作语句不包括_____。

    A. INSERT   B. UPDATE

    C. DELETE   D. CHANGE

4. SQL 语句中修改表结构的命令是_____。

    A. MODIFY TABLE   B. MODIFY STRUCTURE

    C. ALTER TABLE   D. ALTER STRUCTURE

5. SQL 语句中删除表的命令是_____。

    A. DROP TABLE   B. DELETE TABLE

    C. ERASE TABLE   D. DELETE DBF

6. 在 SQL 查询时，使用 WHERE 子句指出的是_____。

    A. 查询目标   B. 查询结果

    C. 查询条件   D. 查询视图

7. 下面有关 HAVING 子句描述错误的是_____。

    A. HAVING 子句必须与 GROUP BY 子句同时使用，不能单独使用

    B. 使用 HAVING 子句的同时不能使用 WHERE 子句

    C. 使用 HAVING 子句的同时可以使用 WHERE 子句

    D. 使用 HAVING 子句的作用是限定分组的条件

8. 有数据库 db_stock，其中有数据库表 stock，该数据库表的内容如下。

股票代码	股票名称	单价	交易所
600600	青岛啤酒	7.48	上海
600601	方正科技	15.20	上海
600602	广电电子	10.40	上海
600603	兴业房产	12.76	上海
600604	二纺机	9.96	上海
600605	轻工机械	14.39	上海
000001	深发展	7.48	深圳
000002	深万科	12.50	深圳

有如下 SQL SELECT 语句：

    SELECT * FROM stock WHERE 单价 BETWEEN 12.76 AND 15.20

与该语句等价的是_____。

    A. SELECT * FROM stock WHERE 单价<=15.20 AND 单价 >=12.76

    B. SELECT * FROM stock WHERE 单价<=15.20 AND 单价 >12.76

    C. SELECT * FROM stock WHERE 单价<=15.20 AND 单价 <=12.76

    D. SELECT * FROM stock WHERE 单价<=15.20 AND 单价 <12.76

9. 删除数据库 db_stock 中表 stock 的命令_____。

    A. DROP stock   B. DELETE TABLE stock

    C. DROP TABLE stock   D. DELETE stock

10. 有数据库 db_stock，其中有数据库表 stock，该数据库表的内容如下。

股票代码	股票名称	单价	交易所
600600	青岛啤酒	7.48	上海

600601	方正科技	15.20	上海
600602	广电电子	10.40	上海
600603	兴业房产	12.76	上海
600604	二纺机	9.96	上海
600605	轻工机械	14.39	上海
000001	深发展	7.48	深圳
000002	深万科	12.50	深圳

执行如下 SQL 语句后

　　SELECT DISTINCT 单价 FROM stock

　　WHERE 单价=(SELECT min(单价) FROM stock)

结果中的记录个数是＿＿＿＿。

　　A. 1　　　　　　B. 2　　　　　　C. 3　　　　　　D. 4

11. 求每个交易所的平均单价的 SQL 语句是＿＿＿＿。

　　A. SELECT 交易所,avg(单价) FROM stock GROUP BY 单价

　　B. SELECT 交易所,avg(单价) FROM stock ORDER BY 单价

　　C. SELECT 交易所,avg(单价) FROM stock ORDER BY 交易所

　　D. SELECT 交易所,avg(单价) FROM stock GROUP BY 交易所

12. 建立表结构的 SQL 命令是＿＿＿＿。

　　A. CREATE CURSOR　　　　　B. CREATE TABLE

　　C. CREATE INDEX　　　　　　D. CREATE VIEW

13. 不属于数据定义功能的 SQL 语句是＿＿＿＿。

　　A. CREATE TABLE　　　　　　B. CREATE INDEX

　　C. UPDATE　　　　　　　　　D. ALTER TABLE

14. DELETE FROM S WHERE 年龄>60 语句的功能是＿＿＿＿。

　　A. 从 S 表中删除年龄大于 60 岁的记录

　　B. 从 S 表中删除年龄大于 60 岁的列

　　C. 删除 S 表

　　D. 删除 S 表的年龄列

15. UPDATE-SQL 语句的功能是＿＿＿＿。

　　A. 属于数据定义功能

　　B. 属于数据查询功能

　　C. 可以修改表中某些列的属性

　　D. 可以修改表中某些列的内容

16. SELECT-SQL 语句是＿＿＿＿。

　　A. 选择工作区语句　　　　　　B. 数据查询语句

　　C. 选择标准语句　　　　　　　D. 数据修改语句

17. SQL 语言是具有＿＿＿＿的功能。

　　A. 关系规范化、数据操纵、数据控制

　　B. 数据定义、数据操纵、数据控制

　　C. 数据定义、关系规范化、数据控制

　　D. 数据定义、关系规范化、数据操纵

18. SQL 语言是_____语言。
    A. 层次数据库   B. 网络数据库
    C. 关系数据库   D. 非数据库

19. 在 SQL 中，基本表的撤销（从数据库中删除表）可以用_____。
    A. DROP SCHEMA 命令   B. DROP TABLE 命令
    C. DROP VIEW 命令   D. DROP INDEX 命令

20. SQL 语言是_____。
    A. 高级语言   B. 结构化查询语言
    C. 第三代语言   D. 宿主语言

21. 如下面的数据库的表中，若职工表的主关键字是职工号，部门表的主关键字是部门号，SQL 操作_____不能执行。

职工表

职工号	职工名	部门号	工资
001	李红	01	580
005	刘军	01	670
025	王芳	03	720
038	张强	02	650

部门表

部门号	部门名	主任
01	人事处	高平
02	财务处	蒋华
03	教务处	许红
04	学生处	杜琼

    A. 从职工表中删除行('025','王芳','03',720)
    B. 将行('005','乔兴','04',7500)插入到职工表中
    C. 将职工号为'001'的工资改为 700
    D. 将职工号为'038'的部门改为'03'

22. 用于显示部分查询结果的 TOP 短语，必须与_____同时使用，才有效果。
    A. ORDER BY   B. FROM
    C. WHERE   D. GROUP BY

23. 用 SQL 语句建立表时将属性定义为主关键字，应使用短语_____。
    A. CHECK   B. PRIMARY KEY
    C. FREE   D. UNIQUE

24. SQL 实现分组查询的短语是_____。
    A. ORDER BY   B. GROUP BY
    C. HAVING   D. ASC

25. 在 SQL 的计算查询中，用于求平均值的函数是_____。
    A. AVG   B. AVERAGE
    C. average   D. AVE

26. SQL 的查询语句中，_____短语用于实现关系的投影操作。
    A. WHERE   B. SELECT

C. FROM   D. GROUP BY

27. SQL 的核心是_____。

A. 数据查询   B. 数据修改

C. 数据定义   D. 数据控制

28. 设有图书管理数据库如下。

图书(总编号 TEXT(6)，分类号 TEXT(8),书名 TEXT(16),出版单位 TEXT(20),单价
SINGLE)

读者(借书证号 TEXT(4),单位 TEXT(8),姓名 TEXT(6),性别 TEXT(2),职称 TEXT(6),
地址 TEXT(20))

借阅(借书证号 TEXT(4),总编号 TEXT(6),借书日期 DATE)

查询所藏图书中，有两种及两种以上的图书出版社所出版图书的最高单价和平均
单价。

下面 SQL 语句正确的是_____。

SELECT 出版单位,MAX(单价),AVG(单价) FROM 图书_____。

A. GROUP BY 出版单位 HAVING COUNT 总编号>=2

B. GROUP BY 出版单位 HAVING COUNT(DISTINCT 总编号)>=2

C. GROUP BY 出版单位>=2

D. WHERE 总编号>=2

29. 对于图书管理数据库，要查询所藏图书中，各个出版社的图书最高单价、平均单价
和册数，下面 SQL 语句正确的是_____。

SELECT 出版单位,_____,_____,_____

FROM 图书

_____ 出版单位

A. MIN(单价)   AVGAGE(单价)   COUNT(*)   GROUP BY

B. MAX(单价)   AVG(单价)   COUNT(*)   ORDER BY

C. MAX(单价)   AVG(单价)   SUM(*)   ORDER BY

D. MAX(单价)   AVG(单价)   COUNT(*)   GROUP BY

30. 对于图书管理数据库，检索藏书中比高等教育出版社的所有图书的书价更高的书。
下面 SQL 语句正确的是_____。

SELECT * FROM 图书 WHERE 单价>ALL_____

A. SELECT 书名 FROM 图书 WHERE 出版单位="高等教育出版社"

B. (SELECT 单价 FROM 图书 WHERE 出版单位="高等教育出版社")

C. SELECT 单价 FROM 图书 WHERE 读者.借书证号=借阅.借书证号

D. (SELECT 书名 FROM 图书 WHERE 读者.借书证号=借阅.借书证号)

31. 对于图书管理数据库，分别求出各个单位当前借阅图书的读者人次。下面的 SQL 语
句正确的是_____。

SELECT 单位,_____ FROM 借阅,读者 WHERE 借阅.借书证号=读者.借书证号

_____

A. COUNT(借阅.借书证号)   GROUP BY 单位

B. SUM(借阅.借书证号)   GROUP BY 单位

C. COUNT(借阅.借书证号)   ORDER BY 单位

  D. COUNT(借阅.借书证号) HAVING 单位

32. 对于图书管理数据库，查询读者张慨然的情况。下面 SQL 语句正确的是_____。

  SELECT * FROM 读者 _____

  A. WHERE 姓名="张慨然"

  B. WHERE 图书.姓名="张慨然"

  C. FOR 姓名="张慨然"

  D. WHERE 姓名=张慨然

33. 对于图书管理数据库，检索电子工业出版社的所有图书的书名和书价，检索结果按书价降序排列。下面 SQL 语句正确的是_____。

  SELECT 书名,单价 FROM 图书 WHERE 出版单位="电子工业出版社"_____

  A. GROUP BY 单价 DESC

  B. ORDER BY 单价 DESC

  C. ORDER BY 单价 ASC

  D. GROUP 单价 ASC

34. 对于图书管理数据库，检索借阅了《现代网络技术基础》一书的借书证号。下面 SQL 语句正确的是_____。

  SELECT 借书证号 FROM 借阅 WHERE 总编号=_____

  A. (SELECT 借书证号 FROM 图书 WHERE 书名="现代网络技术基础")

  B. (SELECT 总编号 FROM 图书 WHERE 书名="现代网络技术基础")

  C. (SELECT 借书证号 FROM 借阅 WHERE 书名="现代网络技术基础")

  D. (SELECT 总编号 FROM 借阅 WHERE 书名="现代网络技术基础")

35. 对于图书管理数据库，检索所有借阅了图书的读者姓名和所在单位。下面 SQL 语句正确的是_____。

  SELECT DISTINCT 姓名,单位 FROM 读者,借阅 _____

  A. WHERE 图书.总编号=借阅.总编号

  B. WHERE 读者.借书证号=借阅.借书证号

  C. WHERE 总编号 IN(SELECT 借书证号 FROM 借阅)

  D. WHERE 总编号 NOT IN(SELECT 借书证号 FROM 借阅)

36. 对于图书管理数据库，求 CIE 单位借阅图书的读者的人数。下面 SQL 语句正确的是_____。

  SELECT _____ FROM 借阅 WHERE 借书证号 _____

  A. COUNT (DISTINCT 借书证号)

   IN (SELECT 借书证号 FROM 读者 WHERE 单位="CIE")

  B. COUNT (DISTINCT 借书证号)

   IN (SELECT 借书证号 FROM 借阅 WHERE 单位="CIE")

  C. SUM (DISTINCT 借书证号)

   IN (SELECT 借书证号 FROM 读者 WHERE 单位="CIE")

  D. SUM (DISTINCT 借书证号)

   IN (SELECT 借书证号 FOR 借阅 WHERE 单位="CIE")

37. 对于图书管理数据库，检索当前至少借阅了 2 本图书的读者的姓名和所在单位。下面 SQL 语句正确的是_____。

SELECT 姓名,单位 FROM 读者 WHERE 借书证号 IN_____

A. (SELECT 借书证号 FROM 借阅 GROUP BY 总编号 HAVING COUNT(*)>=2)

B. (SELECT 借书证号 FROM 读者 GROUP BY 借书证号 HAVING COUNT(*)>=2)

C. (SELECT 借书证号 FROM 借阅 GROUP BY 借书证号 HAVING SUM(*)>=2)

D. (SELECT 借书证号 FROM 借阅 GROUP BY 借书证号 HAVING COUNT(*)>=2)

38. 使用 SQL 语句进行分组检索时，为了去掉不满足条件的分组，应当_____。

A. 使用 WHERE 子句

B. 在 GROUP BY 后面使用 HAVING 子句

C. 先使用 WHERE 子句，再使用 HAVING 子句

D. 先使用 HAVING 子句，再使用 WHERE 子句

39. 使用 SQL 命令将学生表 STUDENT 中的学生年龄 AGE 字段的值增加 1 岁，应该的使用命令是_____。

A. REPLACE AGE WITH AGE+1

B. UPDATE STUDENT AGE WITH AGE+1

C. UPDATE SET AGE WITH AGE+1

D. UPDATE STUDENT SET AGE=AGE+1

40. 使用 SQL 语句从表 STUDENT 中查询所有姓王的同学的信息，正确的命令是_____。

A. SELECT * FROM STUDENT WHERE LEFT（姓名，1）="王"

B. SELECT * FROM STUDENT WHERE RIGHT（姓名，1）="王"

C. SELECT * FROM STUDENT WHERE TRIM（姓名，1）="王"

D. SELECT * FROM STUDENT WHERE STR（姓名，1）="王"

41. 　　部门表

部门号	部门名称
40	家用电器部
10	电视录摄像机部
20	电话手机部
30	计算机部

　　商品表

部门号	商品号	商品名称	单价	数量	产地
40	0101	A 牌电风扇	200.00	10	广东
40	0104	A 牌微波炉	350.00	10	广东
40	0105	B 牌微波炉	600.00	10	上海
20	1032	C 牌传真机	1000.00	20	北京
40	0107	D 牌微波炉_A	420.00	10	广东
20	0110	A 牌电话机	200.00	50	广东
20	0112	A 牌手机	2000.00	10	广东
40	0202	A 牌电冰箱	3000.00	2	广东
30	1041	B 牌计算机	6000.00	10	广东
30	0204	C 牌计算机	10000.00	10	上海

SQL 语句

SELECT 部门号,MAX(单价*数量) FROM 商品表 GROUP BY 部门号

查询结果有_____条记录。

A. 1   B. 4   C. 3   D. 10

42. SQL 语句

    SELECT 产地,COUNT(*) 提供的商品种类数

        FROM 商品表

        WHERE 单价>200

        GROUP BY 产地 HAVING COUNT(*)>=2

        ORDER BY 2 DESC

查询结果的第一条记录的产地和提供的商品种类数是_____。

A. 北京,1   B. 上海,2   C. 广东,5   D. 广东,7

43. SQL 语句

    SELECT 部门表.部门号,部门名称,SUM(单价*数量)

        FROM 商品表,部门表 WHERE 部门表.部门号=商品表.部门号

        GROUP BY 部门表.部门号

查询结果是_____。

A. 各部门商品数量合计   B. 各部门商品金额合计

C. 所有商品金额合计   D. 各部门商品金额平均值

44. SQL 语句

    SELECT 部门表.部门号,部门名称,商品号,商品名称,单价

        FROM 部门表,商品表

        WHERE 部门表.部门号=商品表.部门号

        ORDER BY 部门表.部门号 DESC,单价

查询结果的第一条记录的商品号是_____。

A. 0101   B. 0202   C. 0110   D.0112

45. SQL 语句

    SELECT 部门名称 FROM 部门表 WHERE 部门号 IN

      (SELECT 部门号 FROM 商品表 WHERE 单价 BETWEEN 100 AND 420)

查询结果是_____。

A. 家用电器部、电话手机部

B. 家用电器部、计算机部

C. 电话手机部、电视录摄像部

D. 家用电器部、电视录摄像部

46. 在 SQL 语句中,与表达式"工资 BETWEEN 1210 AND 1240"功能相同的表达式是_____。

    A. 工资>=1210 AND 工资<=1240

    B. 工资>=1210 AND 工资<1240

    C. 工资<=1210 AND 工资>1240

    D. 工资>=1210 OR 工资<=1240

47. 在 SQL 语句中,与表达式"仓库号 NOT IN ("wh1","wh2")"功能相同的表达式是_____。

    A．仓库号＝"wh1" AND 仓库号＝"wh2"

    B．仓库号!＝"wh1" OR 仓库号#"wh2"

    C．仓库号<>"wh1" OR 仓库号!＝"wh2"

    D．仓库号!＝"wh1" AND 仓库号!＝"wh2"

48．学生.学号，姓名，性别，出生日期，院系

    课程.课程编号，课程名称，开课院系

    学生成绩.学号，课程编号，成绩

    查询每门课程的最高分，要求得到的信息包括课程名称和分数。正确的命令
是_____。

    A．SELECT 课程名称,SUM(成绩) AS 分数 FROM 课程,学生成绩
        WHERE 课程.课程编号＝学生成绩.课程编号
        GROUP BY 课程名称

    B．SELECT 课程名称,MAX(成绩) 分数 FROM 课程,学生成绩
        WHERE 课程.课程编号＝学生成绩.课程编号
        GROUP BY 课程名称

    C．SELECT 课程名称,SUM(成绩) 分数 FROM 课程,学生成绩
        GROUP BY 课程.课程编号

    D．SELECT 课程名称,MAX(成绩) AS 分数 FROM 课程,学生成绩
        WHERE 课程.课程编号＝学生成绩.课程编号
        GROUP BY 课程编号

49．学生.学号，姓名，性别，出生日期，院系

    课程.课程编号，课程名称，开课院系

    学生成绩.学号，课程编号，成绩

    统计只有 2 名以下（含 2 名）学生选修的课程情况，统计结果中的信息包括课程名
称、开课院系和选修人数，并按选课人数排序。正确的命令是_____。

    A．SELECT 课程名称,开课院系,COUNT(课程编号) AS 选修人数
     FOR 学生成绩,课程 WHERE 课程.课程编号＝学生成绩.课程编号
        GROUP BY 学生成绩.课程编号 HAVING COUNT(*)<=2
        ORDER BY COUNT(课程编号)

    B．SELECT 课程名称,开课院系,COUNT(学号) 选修人数
        GROUP BY 学生成绩,课程编号 HAVING COUNT(*)<=2
        ORDER BY COUNT(学号)

    C．SELECT 课程名称,开课院系,COUNT(学号) AS 选修人数
        FROM 学生成绩,课程 WHERE 课程.课程编号＝学生成绩.课程编号
        GROUP BY 课程名称 HAVING COUNT(学号)<=2
        ORDER BY COUNT(学号)

    D．SELECT 课程名称,开课院系,COUNT(学号) AS 选修人数
        FROM 学生成绩,课程 HAVING COUNT(课程编号)<=2
        GROUP BY 课程名称 ORDER BY 选修人数

50．查询订购单号首字符是"P"的订单信息，应该使用命令_____。

    A．SELECT * FROM 订单 WHERE HEAD(订购单号,1)＝"P"

B．SELECT * FROM 订单 WHERE LEFT(订购单号,1)＝"P"

C．SELECT * FROM 订单 WHERE "P"$订购单号

D．SELECT * FROM 订单 WHERE RIGHT(订购单号,1)＝"P"

51．使用如下三个表。

部门.部门号 TEXT(8)，部门名 TEXT(12)，负责人 TEXT(6)，电话 TEXT(16)

职工.部门号 TEXT(8)，职工号 TEXT(10)，姓名 TEXT(8)，性别 TEXT(2)，出生日期 DATE

工资.职工号 TEXT(10)，基本工资 NUMERIC(8,2)，津贴 NUMERIC(8,2)，奖金 NUMERIC(8,2)，扣除 NUMERIC(8,2)

查询职工实发工资的正确命令是_____。

A．SELECT 姓名,(基本工资＋津贴＋奖金＋扣除) AS 实发工资 FROM 工资

B．SELECT 姓名,(基本工资＋津贴＋奖金＋扣除) AS 实发工资 FROM 工资
　　WHERE 职工.职工号＝工资.职工号

C．SELECT 姓名,(基本工资＋津贴＋奖金–扣除) AS 实发工资
　　FROM 工资,职工 WHERE 职工.职工号＝工资.职工号

D．SELECT 姓名,(基本工资＋津贴＋奖金–扣除) AS 实发工资
　　FROM 工资 JOIN 职工 WHERE 职工.职工号＝工资.职工号

52．查询有 10 名以上（含 10 名）职工的部门信息（部门名和职工人数），并按职工人数降序排序。正确的命令是_____。

A．SELECT 部门名,COUNT(职工号) AS 职工人数
　　FROM 部门,职工 WHERE 部门.部门号=职工.部门号
　　GROUP BY 部门名 HAVING GOUNT(*)>=10
　　ORDER BY COUNT(职工号) ASC

B．SELECT 部门名,COUNT(职工号) AS 职工人数
　　FROM 部门,职工 WHERE 部门.部门号=职工.部门号
　　GROUP BY 部门名 HAVING GOUNT(*)>=10
　　ORDER BY COUNT(职工号) DESC

C．SELECT 部门名,COUNT(职工号) AS 职工人数
　　FROM 部门,职工 WHERE 部门.部门号=职工.部门号
　　GROUP BY 部门名 HAVING GOUNT(*)>=10
　　ORDER BY 职工人数 ASC

D．SELECT 部门名,COUNT(职工号) AS 职工人数
　　FROM 部门,职工 WHERE 部门.部门号=职工.部门号
　　GROUP BY 部门名 HAVING GOUNT(*)>=10
　　ORDER BY 职工人数 DESC

53．查询所有目前年龄在 35 岁以上（不含 35 岁）的职工信息（姓名、性别和年龄），正确的命令是_____。.

A．SELECT 姓名,性别,YEAR(DATE())–YEAR(出生日期) 年龄 FROM 职工
　　WHERE 年龄>35

B．SELECT 姓名,性别,YEAR(DATE())–YEAR(出生日期) 年龄 FROM 职工
　　WHERE YEAR(出生日期)>35

C．SELECT 姓名,性别,YEAR(DATE())－YEAR(出生日期) 年龄 FROM 职工

　　WHERE YEAR(DATE())－YEAR(出生日期)>35

D．SELECT 姓名,性别,年龄=YEAR(DATE())-YEAR(出生日期) FROM 职工

　　WHERE YEAR(DATE())－YEAR(出生日期)>35

54．使用 SQL 语句将学生表 S 中年龄(AGE)大于 30 岁的记录删除,正确的命令是_____。

A．DELETE FOR AGE>30

B．DELETE FROM S WHERE AGE>30

C．DELETE S FOR AGE>30

D．DELETE S WHERE AGE>30

55．使用 SQL 语句向学生表 S(SNO,SN,AGE,SEX)中添加一条新记录,字段学号（SNO）、姓名（SN）、性别（SEX）、年龄（AGE）的值分别为 0401、王芳、女、18,正确命令是_____。

A．APPEND INTO S (SNO,SN,SEX,AGE) VALUES ('0401','王芳','女',18)

B．APPEND S VALUES ('0401','王芳',18,'女')

C．INSERT INTO S (SNO,SN,SEX,AGE) VALUES ('0401','王芳','女',18)

D．INSERT S VALUES ('0401','王芳',18,'女')

56．在 SQL 的 SELECT 查询结果中,消除重复记录的方法是_____。

A．通过指定主关系键

B．通过指定唯一索引

C．用 DISTINCT 子句

D．使用 HAVING 子句

57．下列关于 SQL 中 HAVING 子句的描述,错误的是_____。

A．HAVING 子句必须与 GROUP BY 子句同时使用

B．HAVING 子句与 GROUP BY 子句无关

C．使用 WHERE 子句的同时可以使用 HAVING 子句

D．使用 HAVING 子句的作用是限定分组的条件

58．本题使用如下三个数据库表:

　　　　学生表.S(学号，姓名，性别，出生日期，院系)

　　　　课程表.C(课程号，课程名，学时)

　　　　选课成绩表.SC(学号，课程号，成绩)

　　在上述表中,出生日期数据类型为日期型,学时和成绩为数值型,其他均为字符型。用 SQL 语言检索选修课程在 5 门以上（含 5 门）的学生的学号、姓名和平均成绩,并按平均成绩降序排序,正确的命令是_____。

A．SELECT S.学号,姓名,平均成绩 FROM S,SC

　　WHERE S.学号=SC.学号

　　GROUP BY S.学号 HAVING COUNT(*)>=5 ORDER BY 平均成绩 DESC

B．SELECT 学号,姓名,AVG(成绩) FROM S,SC

　　WHERE S.学号=SC.学号 AND COUNT(*)>=5

　　GROUP BY 学号 ORDER BY 3 DESC

C．SELECT S.学号,姓名,AVG(成绩) 平均成绩 FROM S,SC

　　WHERE S.学号=SC.学号 AND COUNT(*)>=5

　　GROUP BY S.学号 ORDER BY 平均成绩 DESC

    D. SELECT S.学号,姓名,AVG(成绩) 平均成绩 FROM S,SC

        WHERE S.学号=SC.学号

        GROUP BY S.学号 HAVING COUNT(*)>=5 ORDER BY 3 DESC

59. 根据下表,查询订单数在 3 个以上、订单的平均金额在 200 元以上的职员号。正确的 SQL 语句是_____。

    职员.职员号 TEXT（3）,姓名 TEXT（6）,性别 TEXT（2）,组号 NUMERIC（1）,
职务 TEXT（10）

    客户.客户号 TEXT（4）,客户名 TEXT（36）,地址 TEXT（36）,所在城市 TEXT
（36）

    订单.订单号 TEXT（4）,客户号 TEXT（4）,职员号 TEXT（3）,签订日期 DATE,
金额 NUMERIC（6,2）

    A. SELECT 职员号 FROM 订单 GROUP BY 职员号 HAVING COUNT(*)>3 AND
AVG_金额>200

    B. SELECT 职员号 FROM 订单 GROUP BY 职员号 HAVING COUNT(*)>3 AND
AVG(金额)>200

    C. SELECT 职员号 FROM 订单 GROUP BY 职员号 HAVING COUNT(*)>3
WHERE AVG(金额)>200

    D. SELECT 职员号 FROM 订单 GROUP BY 职员号 WHERE COUNT(*)>3 AND
AVG_金额>200

60. 从订单表中删除客户号为"1001"的订单记录,正确的 SQL 语句是_____。

    A. DROP FROM 订单 WHERE 客户号="1001"

    B. DROP FROM 订单 FOR 客户号="1001"

    C. DELETE FROM 订单 WHERE 客户号="1001"

    D. DELETE FROM 订单 FOR 客户号="1001"

61. 将订单号为"0060"的订单金额改为 169 元,正确的 SQL 语句是_____。

    A. UPDATE 订单 SET 金额=169 WHERE 订单号="0060"

    B. UPDATE 订单 SET 金额 WITH 169 WHERE 订单号="0060"

    C. UPDATE FROM 订单 SET 金额=169 WHERE 订单号="0060"

    D. UPDATE FROM 订单 SET 金额 WITH 169 WHERE 订单号="0060"

62. 要使"产品"表中所有产品的单价上浮 8%,正确的 SQL 命令是_____。

    A. UPDATE 产品 SET 单价=单价+单价*8% FOR ALL

    B. UPDATE 产品 SET 单价=单价*1.08 FOR ALL

    C. UPDATE 产品 SET 单价=单价+单价*8%

    D. UPDATE 产品 SET 单价=单价*1.08

63. 假设同一名称的产品有不同的型号和产地,则计算每种产品平均单价的 SQL 语句是
_____。

    A. SELECT 产品名称,AVG(单价) FROM 产品 GROUP BY 单价

    B. SELECT 产品名称,AVG(单价) FROM 产品 ORDER BY 单价

    C. SELECT 产品名称,AVG(单价) FROM 产品 ORDER BY 产品名称

    D. SELECT 产品名称,AVG(单价) FROM 产品 GROUP BY 产品名称

64. 在 SQL SELECT 语句的 ORDER BY 短语中如果指定了多个字段,则_____。

  A．无法进行排序

  B．只按第一个字段排序

  C．按从左至右优先依次排序

  D．按字段排序优先级依次排序

65．以下不属于 SQL 数据操作命令的是_____。

  A．MODIFY   B．INSERT

  C．UPDATE   D．DELETE

66．设有关系 SC(SNO,CNO,GRADE)，其中 SNO、CNO 分别表示学号和课程号（两者均为字符型），GRADE 表示成绩（数值型）。若要把学号为 "S101" 的同学，选修课程号为 "C11"，成绩为 98 分的记录插入到表 SC 中，正确的语句是_____。

  A．INSERT INTO SC(SNO,CNO,GRADE) VALUES('S101','C11','98')

  B．INSERT INTO SC(SNO,CNO,GRADE) VALUES(S101,C11,98)

  C．INSERT ('S101','C11','98') INTO SC

  D．INSERT INTO SC VALUES('S101','C11',98)

67．设有学生选课表 SC(学号,课程号,成绩)，用 SQL 检索同时选修课程号为"C1"和"C5"的学生的学号的正确命令是_____。

  A．SELECT 学号 FROM SC

   WHERE 课程号='C1' AND 课程号='C5'

  B．SELECT 学号 FROM SC

   WHERE 课程号='C1'AND 课程号=(SELECT 课程号 FROM SC WHERE 课程号='C5')

  C．SELECT 学号 FROM SC

   WHERE 课程号='C1' AND 学号=(SELECT 学号 FROM SC WHERE 课程号='C5')

  D．SELECT 学号 FROM SC

   WHERE 课程号='C1' AND 学号 IN(SELECT 学号 FROM SC WHERE 课程号='C5')

68．有如下数据表：

  学生.学号 TEXT（8），姓名 TEXT（6），性别 TEXT（2），出生日期 DATE

  选课.学号 TEXT（8），课程号 TEXT（3），成绩 NUMERIC（5,1）

计算刘明同学选修的所有课程的平均成绩，正确的 SQL 语句是_____。

  A．SELECT AVG(成绩) FROM 选课 WHERE 姓名="刘明"

  B．SELECT AVG(成绩) FROM 学生,选课 WHERE 姓名="刘明"

  C．SELECT AVG(成绩) FROM 学生,选课 WHERE 学生.姓名="刘明"

  D．SELECT AVG(成绩) FROM 学生,选课 WHERE 学生.学号=选课.学号 AND 姓名="刘明"

69．查询选修课程号为 "101" 课程得分最高的同学，正确的 SQL 语句是_____。

  A．SELECT 学生.学号,姓名 FROM 学生,选课 WHERE 学生.学号=选课.学号 AND 课程号="101" AND 成绩>=ALL(SELECT 成绩 FROM 选课)

  B．SELECT 学生.学号,姓名 FROM 学生,选课 WHERE 学生.学号=选课.学号 AND 成绩>=ALL(SELECT 成绩 FROM 选课 WHERE 课程号="101")

  C．SELECT 学生.学号,姓名 FROM 学生,选课 WHERE 学生.学号=选课.学号 AND 成绩>=ANY(SELECT 成绩 FROM 选课 WHERE 课程号="101")

  D．SELECT 学生.学号,姓名 FROM 学生,选课 WHERE 学生.学号=选课.学号 AND 课程号="101" AND 成绩>=ALL(SELECT 成绩 FROM 选课 WHERE 课程号="101")

70．将学号为"02080110"、课程号为"102"的选课记录的成绩改为 92，正确的 SQL 语句是_____。

  A．UPDATE 选课 SET 成绩 WITH 92 WHERE 学号="02080110" AND 课程号="102"

  B．UPDATE 选课 SET 成绩=92 WHERE 学号="02080110" AND 课程号="102"

  C．UPDATE FROM 选课 SET 成绩 WITH 92 WHERE 学号="02080110" AND 课程号="102"

  D．UPDATE FROM 选课 SET 成绩=92 WHERE 学号="02080110" AND 课程号="102"

71．设有订单表 order（其中包含字段.订单号，客户号，职员号，签订日期，金额），查询 2007 年所签订单的信息、并按金额降序排列，正确的 SQL 命令是_____。

  A．SELECT * FROM order WHERE YEAR(签订日期)=2007 ORDER BY 金额 DESC

  B．SELECT * FROM order WHILE YEAR(签订日期)=2007 ORDER BY 金额 ASC

  C．SELECT * FROM order WHERE YEAR(签订日期)=2007 ORDER BY 金额 ASC

  D．SELECT * FROM order WHILE YEAR(签订日期)=2007 ORDER BY 金额 DESC

72．使用如下关系：

客户(客户号,名称,联系人,邮政编码,电话号码)

产品(产品号,名称,规格说明,单价)

订购单(订单号,客户号,订购日期)

订购单明细(订单号,序号,产品号,数量)

查询单价在 600 元以上的主机板和硬盘的正确命令是_____。

  A．SELECT * FROM 产品 WHERE 单价>600 AND (名称='主机板' AND 名称='硬盘')

  B．SELECT * FROM 产品 WHERE 单价>600 AND (名称='主机板' OR 名称='硬盘')

  C．SELECT * FROM 产品 FOR 单价>600 AND (名称='主机板' AND 名称='硬盘')

  D．SELECT * FROM 产品 FOR 单价>600 AND (名称='主机板' OR 名称='硬盘')

73．使用如下关系：

客户(客户号,名称,联系人,邮政编码,电话号码)

产品(产品号,名称,规格说明,单价)

订购单(订单号,客户号,订购日期)

订购单明细(订单号,序号,产品号,数量)

查询客户名称中有"网络"二字的客户信息的正确命令是_____。

  A．SELECT * FROM 客户 FOR 名称 LIKE "*网络*"

  B．SELECT * FROM 客户 FOR 名称="*网络*"

  C．SELECT * FROM 客户 WHERE 名称="*网络*"

  D．SELECT * FROM 客户 WHERE 名称 LIKE "*网络*"

74．使用如下关系：

客户(客户号,名称,联系人,邮政编码,电话号码)

产品(产品号,名称,规格说明,单价)

订购单(订单号,客户号,订购日期)

订购单明细(订单号,序号,产品号,数量)

查询尚未最后确定订购单的有关信息的正确命令是_____。

A．SELECT 名称,联系人,电话号码,订单号 FROM 客户,订购单
　　WHERE 客户.客户号=订购单.客户号 AND 订购日期 IS NULL

B．SELECT 名称,联系人,电话号码,订单号 FROM 客户,订购单
　　WHERE 客户.客户号=订购单.客户号 AND 订购日期=NULL

C．SELECT 名称,联系人,电话号码,订单号 FROM 客户,订购单
　　FOR 客户.客户号=订购单.客户号 AND 订购日期 IS NULL

D．SELECT 名称,联系人,电话号码,订单号 FROM 客户,订购单
　　FOR 客户.客户号=订购单.客户号 AND 订购日期=NULL

第二部分　实　验　题

一、实验目的

熟悉和掌握以下知识点：

（1）掌握 SQL 数据查询 Select 的语法形式；

（2）掌握简单查询，多表查询及嵌套查询；

（3）掌握 SQL 数据操纵语言，插入 INSERT、删除 DELETE、更新 UPDATE 语句；

（4）掌握数据定义语言，CREATE、ALTER、DROP 语句。

二、实验 4-1

查询未归还图书的读者编号、书籍编号、读者姓名和读者性别。

【实验要求】

以"借阅信息表"和"读者信息表"作为数据来源，查找未归还图书的相关资料，查询
结果如图 4-1 所示。

书籍编号	读者编号	读者姓名	读者性别
001	1	张芳	女
002	2	胡佳萍	女
003	2	胡佳萍	女
005	3	王平	男

图 4-1　查询结果表

【操作步骤】

建立 SQL 查询的操作步骤如下。

（1）在"创建"选项卡上的"查询"组中，单击"查询设计"。

（2）关闭"显示表"对话框。

（3）选择"设计"选项卡的最左边"结果"组，单击"SQL 视图"按钮 **SQL**，弹出如图 4-2 所示的 SQL 视图窗口。

图 4-2　SQL 视图窗口

（4）在打开的"选择查询"窗口中，输入编辑 SQL 命令。

SELECT 借阅信息表.书籍编号, 读者信息表.读者编号,读者姓名,读者性别

FROM 读者信息表 INNER JOIN 借阅信息表 ON 读者信息表.读者编号 = 借阅信息表.读者编号

WHERE 借阅信息表.还书日期 Is Null;

三、实验 4-2

查询读者"张芳"所借图书的编号、图书名称、借书日期和还书日期。

【实验要求】

以"借阅信息表"、"图书信息表"和"读者信息表"作为数据来源，查找读者"张芳"所借图书的相关资料，查询结果如图 4-3 所示。

查询1			
书籍编号 ▾	书籍名称 ▾	借书日期 ▾	还书日期 ▾
001	SQL Server2008从入门到	2010-12-14	
007	PhotoShopCS5图像处理典	2013-1-10	2013-2-15
*			

图 4-3　查询结果表

【操作步骤】

打开"SQL 视图"窗口，输入下面的命令：

SELECT 借阅信息表.书籍编号,书籍名称,借书日期,还书日期

FROM 图书信息表, 借阅信息表, 读者信息表

WHERE 读者信息表.读者编号 = 借阅信息表.读者编号 and 图书信息表.书籍编号 = 借阅信息表.书籍编号 and 读者姓名="张芳";

四、实验 4-3

查询所有读者手中超期且尚未归还图书的读者编号、读者姓名、书籍编号、书籍名称、借书日期和超期天数。

【实验要求】

以"借阅信息表"、"图书信息表"、"图书类别表"和"读者信息表"作为数据来源，统计每位读者手中超期且尚未归还图书的相关资料，查询结果如图 4-4 所示。

书籍编号	书籍名称	读者编号	读者姓名	借书日期	超期天数
001	SQL Server2008从入门到	1	张芳	2010-12-14	964
002	电子政务	2	胡佳萍	2013-1-9	207
003	数据库原理及应用	2	胡佳萍	2012-10-9	269
005	计算机基础	3	王平	2008-2-16	1996

图 4-4　查询结果表

【操作步骤】

打开"SQL 视图"窗口，输入下面的命令：

SELECT 图书信息表.书籍编号,书籍名称, 借阅信息表.读者编号,读者姓名,借书日期,Date()-[借书日期]-[借出天数] AS 超期天数

FROM 图书类别表,图书信息表,读者信息表,借阅信息表

WHERE 读者信息表.读者编号 = 借阅信息表.读者编号 and 图书信息表.书籍编号 = 借阅信息表.书籍编号 and 图书类别表.类别代码 = 图书信息表.类别代码 and 还书日期 Is Null;

五、实验 4-4

查询每种类别的图书的类别代码和图书种类，查询结果按照类别代码降序排列。

【实验要求】

以"图书信息表"作为数据来源，统计每种类别的图书的相关资料，查询结果如图 4-5 所示。

类别代码	图书种类
101	4
201	3
301	1

图 4-5　查询结果表

【操作步骤】

打开"SQL 视图"窗口，输入下面的命令：

SELECT 类别代码, Count(书籍编号) AS 图书种类

FROM 图书信息表

GROUP BY 类别代码

ORDER BY 类别代码 DESC;

六、实验 4-5

查询没有借书的读者的读者编号、读者姓名和工作单位。

【实验要求】

以"借阅信息表"和"读者信息表"作为数据来源，统计没有借书的读者的相关资料，查询结果如图 4-6 所示。

读者编号	读者姓名	工作单位
4	宋少伟	农业厅

图 4-6　查询结果表

【操作步骤】

打开"SQL 视图"窗口，输入下面的命令：

SELECT 读者编号,读者姓名,工作单位

FROM 读者信息表

WHERE 读者编号 Not In (select 读者编号 from [借阅信息表]);

七、实验 4-6

查询比所有图书的平均价格高的图书的书籍编号、书籍名称、书籍价格和出版社。

【实验要求】

以"图书信息表"作为数据来源，统计比所有图书的平均价格高的图书的相关资料，查询结果如图 4-7 所示。

图 4-7　查询结果表

【操作步骤】

打开"SQL 视图"窗口，输入下面的命令：

SELECT 书籍编号, 书籍名称, 出版社, 书籍价格

FROM 图书信息表

WHERE 书籍价格>(select avg(书籍价格) from 图书信息表);

八、实验 4-7

查询"水利水电出版社"、"化学工业出版社"和"高等教育出版社"出版的图书的出版社、书籍编号、书籍名称和书籍价格。

【实验要求】

以"图书信息表"作为数据来源，统计"水利水电出版社"、"化学工业出版社"和"高等教育出版社"出版的图书的相关资料，查询结果如图 4-8 所示。

图 4-8　查询结果表

【操作步骤】

打开"SQL 视图"窗口，输入下面的命令：

SELECT 出版社, 书籍编号, 书籍名称, 书籍价格
FROM 图书信息表
WHERE 出版社 In ("水利水电出版社","化学工业出版社","高等教育出版社");

九、实验 4-8

查询书籍价格在 20～30 元之间（包括 20 和 30）的图书的出版社、书籍编号、书籍名称和书籍价格。

【实验要求】

以"图书信息表"作为数据来源，统计书籍价格在 20～30 元之间（包括 20 和 30）的图书的相关资料，查询结果如图 4-9 所示。

出版社	书籍编号	书籍名称	书籍价格
水利水电出版社	003	数据库原理及应用	26
清华大学出版社	004	电子商务概论	25

图 4-9　查询结果表

【操作步骤】

打开"SQL 视图"窗口，输入下面的命令：
SELECT 出版社, 书籍编号, 书籍名称, 书籍价格
FROM 图书信息表
WHERE 书籍价格 Between 20 And 30;

十、实验 4-9

查询书籍名称以"计算机"开头的图书的出版社、书籍编号、书籍名称和书籍价格。

【实验要求】

以"图书信息表"作为数据来源，统计书籍名称以"计算机"开头的图书的相关资料，查询结果如图 4-10 所示。

出版社	书籍编号	书籍名称	书籍价格
电子工业出版社	005	计算机基础	35
计算机世界杂志社	006	计算机世界	8

图 4-10　查询结果表

【操作步骤】

打开"SQL 视图"窗口，输入下面的命令：
SELECT 出版社, 书籍编号, 书籍名称, 书籍价格
FROM 图书信息表
WHERE 书籍名称 Like "计算机*";

十一、实验 4-10

查询未归还图书在两本以上（包括两本）的读者的读者编号和借书数量。

【实验要求】

以"借阅信息表"作为数据来源，统计未归还图书在两本以上（包括两本）的读者的相关资料，查询结果如图 4-11 所示。

图 4-11　查询结果表

【操作步骤】

打开"SQL 视图"窗口，输入下面的命令：

```
SELECT 读者编号, Count(书籍编号) AS 借书数量
FROM 借阅信息表
WHERE 还书日期 Is Null
GROUP BY 读者编号
HAVING Count(书籍编号)>=2;
```

十二、实验 4-11

根据读者(　　　借书证号　　　字符型　　　长度为 5　　　非空　每位读者的借书证号均不相同
　　　　　　　姓名　　　　　字符型　　　长度为 4
　　　　　　　性别　　　　　字符型　　　长度为 1
　　　　　　　部门　　　　　字符型　　　长度为 5
　　　　　　　职称　　　　　字符型　　　长度为 5　　　)

使用 CREATE 语句建立"读者"数据表。建完读者表，打开表的设计视图核对一下用 Sql 语句建表的结果是否符合要求。

【操作步骤】

打开"SQL 视图"窗口，输入下面的命令：

```
CREATE  TABLE  读者(借书证号  TEXT(5)  PRIMARY  KEY,姓 名  TEXT(4),性 别 TEXT(1),部门 TEXT(5),职称 TEXT(5))
```

十三、实验 4-12

根据图书(　　　总编号　　　字符型　　　长度为 6　　　非空　每本图书的总编号均不相同
　　　　　　　分类号　　　　字符型　　　长度为 6　　　非空
　　　　　　　书名　　　　　字符型　　　长度为 20
　　　　　　　作者　　　　　字符型　　　长度为 15
　　　　　　　出版社　　　　字符型　　　长度为 10
　　　　　　　单价　　　　　单精度　　　　　　　　　　)

使用 CREATE 语句建立"图书"数据表。建完图书表，打开表的设计视图核对一下用

SQL 语句建表的结果是否符合要求。

【操作步骤】

打开 "SQL 视图" 窗口，输入下面的命令：

CREATE TABLE 图书(总编号 CHAR(6) PRIMARY KEY,分类号 CHAR(6) NOT NULL, 书名 CHAR(20),作者 CHAR(15),出版社 CHAR(10),单价 SINGLE)

十四、实验 4-13

根据流通(总编号 字符型 长度为 6 主键，且来自于图书实体

借书证号 字符型 长度为 5 非空，且来自于读者实体

借阅日期 日期型)

使用 CREATE 语句建立 "流通" 数据表。建完流通表，打开表的设计视图核对一下用 Sql 语句建表的结果是否符合要求。

【操作步骤】

打开 "SQL 视图" 窗口，输入下面的命令：

CREATE TABLE 流通(总编号 TEXT(6) PRIMARY KEY REFERENCES 图书(总编号), 借书证号 TEXT(5) NOT NULL REFERENCES 读者(借书证号),借阅日期 DATE)

十五、实验 4-14

用 INSERT 语句向图书表中输入记录。

【操作步骤】

打开 "SQL 视图" 窗口，输入下面的命令：

INSERT INTO 图书 VALUES('100001', 'ww001', '橘子红了', '郑重 王要', '人民文学出版社',31.8)

INSERT INTO 图书(总编号,分类号,书名,单价) VALUES('100002','ww002','追忆似水年华(上)',68)

上述第二条记录插入命令等价于

INSERT INTO 图书 VALUES('100002','ww002','追忆似水年华(上)',NULL,NULL,68)

请再输入以下三条命令：

INSERT INTO 图书 VALUES('100002','ww003','追忆似水年华(下)',NULL,NULL,68)

INSERT INTO 图书 VALUES(NULL,'ww003','追忆似水年华(下)',NULL,NULL,68)

INSERT INTO 流通 VALUES('100002','90002',#02/14/98#)

看看能不能执行上述三条命令，若不能，请说明原因。

十六、实验 4-15

在读者数据表中增加两个字段，字段名依次为联系电话和年龄，数据类型分别为长整型和短整型，并观察每个命令执行后的效果。

【操作步骤】

打开 "SQL 视图" 窗口，输入下面的命令：

ALTER TABLE 读者 ADD 联系电话 INT,年龄 SHORT

十七、实验4-16

将读者数据表中联系电话字段的数据类型改为有 8 个字符的字符型，年龄字段的类型改为字节型数字。

【操作步骤】

打开"SQL 视图"窗口，输入下面的命令：

ALTER TABLE 读者 ALTER 联系电话 CHAR(8),年龄 BYTE

十八、实验4-17

删除读者数据表中联系电话字段。

【操作步骤】

打开"SQL 视图"窗口，输入下面的命令：

ALTER TABLE 读者 DROP 联系电话,住址

十九、实验4-18

输入读者数据表时，不小心将所有读者的性别都输入反了，即应该是男的，却输入了女，而应该是女的，反倒输入了男，请用 UPDATE 语句改正错误。

【操作步骤】

打开"SQL 视图"窗口，输入下面的命令：

UPDATE 读者 SET 性别=NULL WHERE 性别='男'

UPDATE 读者 SET 性别='男' WHERE 性别='女'

UPDATE 读者 SET 性别='女' WHERE 性别 IS NULL

如果用下面两条语句能否改正错误？为什么？

UPDATE 读者 SET 性别='女' WHERE 性别='男'

UPDATE 读者 SET 性别='男' WHERE 性别='女'

二十、实验4-19

再在读者数据表中输入每位读者的年龄，并添加下列三个记录。

99001，张三郎，null，null，null，62

99002，黄阿三，null，null，null，66

99003，黄海，null，null，null，66

【操作步骤】

打开"SQL 视图"窗口，输入下面的命令：

INSERT INTO 读者 VALUES('99001','张三郎',NULL,NULL,NULL,62)

INSERT INTO 读者 VALUES('99002','黄阿三',NULL,NULL,NULL,66)

INSERT INTO 读者 VALUES('99003','黄海',NULL,NULL,NULL,66)

二十一、实验4-20

在读者表中将姓黄且单名的同志的年龄减 1 岁。

【操作步骤】

打开"SQL 视图"窗口，输入下面的命令：

UPDATE　读者　SET　年龄=年龄－1 WHERE 姓名　LIKE '黄?'

二十二、实验 4-21

在读者表中将姓名中带有"三"字的同志的性别设为男。

【操作步骤】

打开"SQL 视图"窗口，输入下面的命令：

UPDATE　读者　SET　性别="男" WHERE 姓名　LIKE "*三*"

二十三、实验 4-22

在读者表中将年龄为 62 或 66 的职工的部门字段值设为"退休"。

【操作步骤】

打开"SQL 视图"窗口，输入下面的命令：

UPDATE　读者　SET　部门="退休" WHERE 年龄　IN (62,66)

二十四、实验 4-23

删除读者数据表中职称字段值为空的记录。

【操作步骤】

打开"SQL 视图"窗口，输入下面的命令：

DELETE FROM　读者　WHERE　职称　IS NULL

二十五、能力测试

利用第二章能力测试所创建的"学生选课管理系统"数据库，用 SQL 语句完成如下操作：

（1）查询姓名的第二个字为"雪"的学生的姓名、性别和院系。

（2）查询课程名中有"数"字的课程名称、学时和学分，并按学分升序排列、若学分相同则按课程名称降序排序。

（3）查询选修的总人次、最高分、最低分和平均分。

（4）查询选修人数在 3 人以上（包括 3 人）的课程的课程号、选修人数、最高分、最低分和平均分，并按课程号降序排列。

（5）查询与"海楠"同学相同院系的学生的学号、姓名和院系。

（6）查询出既不选修 104 号课程又不选修 401 号课程的学生的学号、姓名和他选修课程的课程代码。

（7）查询出所有选修课成绩中获得最高成绩的学生的学号及其最高成绩。

（8）查询多于 2 名（包括 2 名）学生选修的并以 1 开头的课程号的平均分数。

（9）查询选课表中学生选课的成绩最低分大于 70，最高分小于 95 的学生学号以及最低分、最高分。

（10）查询平均成绩高于所有成绩的平均分的学生的学号。

（11）查询选课表中最高分与最低分之差大于 12 分的课程号。

（12）查询与学号为"20100005"的学生同年出生的所有学生的学号、姓名和年龄。

（13）查询没有学生选修的课程的课程名和任课教师。

（14）查询所有年龄在 19~21 岁之间的男同学，字段包括学号、姓名、年龄和院系。

（15）查询男、女生成绩的最高分、最低分和平均分。

（16）查询男、女生各自的人数。

（17）在学生表中查找出所有姓名相同的学生信息。

（18）查询显示所有未选课学生的相关信息。

（19）查询同时选修了 104 号和 401 号课程的学生的学号、姓名等相关信息。

（20）查询各门课程选修的人数，没有选修的课程显示为 0。

第五章　窗体设计和使用

第一部分　理　论　题

一、填空题

1. 在 Access 中可以使用＿＿＿＿＿＿＿、＿＿＿＿＿＿＿、＿＿＿＿＿＿＿作为窗体的数据来源。

2. 能够唯一标识某一控件的属性是＿＿＿＿＿＿＿。

3. 窗体由多个部分组成，每个部分称为一个＿＿＿＿＿＿＿。

4. 控件的类型可以分为绑定型、未绑定型与计算型。绑定型控件主要用于显示、输入、更新数据表中的字段；未绑定型控件没有＿＿＿＿＿，可以用来显示信息、线条、矩形等；计算型控件用表达式作为数据源。

5. 在创建主/子窗体之前，必须设置＿＿＿＿＿之间的关系。

6. 创建窗体的方式有 3 种，包括通过＿＿＿＿＿方式创建窗体、通过＿＿＿＿＿创建窗体、通过使用设计视图创建窗体。

7. 窗体的主要作用是接受用户输入的数据和命令，＿＿＿＿＿＿＿＿＿、＿＿＿＿＿数据库中的数据，构造方便、美观的输入/输出界面。

8. 窗体的页面页眉和页面页脚只出现在＿＿＿＿＿中。

9. 窗体属性包括＿＿＿＿＿、＿＿＿＿＿、事件、其他和全部选项。

10. 在表格式窗体、纵栏式窗体和数据表窗体中，将窗体最大化后显示记录最多的窗体是＿＿＿＿＿。

二、选择题

1. 在窗体中，用来输入和编辑字段数据的交互控件是＿＿＿＿。
   A．文本框　　　　　　B．标签　　　　　　C．复选框控件　　　　　D．列表框

2. 在 Access 中已建立了"雇员"表，其中可以存放照片的字段，在使用向导为该表创建窗体时，"照片"字段所使用的默认控件是＿＿＿＿。
   A．图像框　　　　　　B．绑定对象框　　　C．非绑定对象框　　　　D．列表框

3. 用来显示与窗体关联的表或查询中字段值的控件类型是＿＿＿＿。
   A．绑定型　　　　　　B．计算型　　　　　C．关联型　　　　　　　D．未绑定型

4. 在窗体设计视图中，必须包含的部分是_____。

    A．主体   B．窗体页眉和页脚

    C．页面页眉和页脚   D．以上 3 项都包括

5. 在 Access 中，窗体通常由_____部分组成。

    A．3   B．4   C．5   D．6

6. 在一个带有多个子窗体的窗体中，主窗体与多个子窗体之间的关系是_____。

    A．一对一   B．一对多   C．多对多   D．无

7. 下面不属于窗体控件的是_____。

    A．命令按钮   B．文本框   C．组合框   D．表

8. 用户和 Access 应用程序之间的主要接口是_____。

    A．表   B．查询   C．窗体   D．报表

9. 下列选项中，_____不属于 Access 中窗体的数据来源。

    A．表   B．查询   C．SQL 语句   D．信息

10. 下列不属于窗体组成部分的是_____。

    A．主体   B．窗体页眉   C．页面页眉   D．窗体设计器

11. 在窗体视图中显示窗体中，窗体中没有记录选定器，应将窗体的"记录选定器"属性值设置为_____。

    A．是   B．否   C．有   D．无

12. 为窗体中的命令按钮设置单击鼠标时发生的动作，应选择设置其"属性"对话框的_____。

    A．格式选项卡   B．事件选项卡   C．方法选项卡   D．数据选项卡

13. 要改变窗体上文本框控件的数据源，应设置的属性是_____。

    A．记录源   B．控件来源   C．筛选查阅   D．默认值

14. 在窗体中，用来输入或编辑字段数据的交互控件是_____。

    A．文本框控件   B．标签控件   C．复选框控件   D．列表框控件

15. 在计算控件中，每个表达式前都要加上_____运算符。

    A．"="   B．"！"   C．"."   D．"Like"

16. _____窗体的主要作用是作为一个窗体的子窗体。

    A．纵栏式   B．图表式   C．表格式   D．数据表

17. 标签控件通常通过_____窗体中添加。

    A．字段列表   B．属性表   C．工具箱   D．节

18. 下列关于纵栏式窗体的叙述中，错误的是_____。

    A．窗体中的一个显示记录按列分隔，每列右边显示字段名，左边显示字段内容

    B．在纵栏式窗体中，可以随意地安排字段

    C．可以使用 Windows 的多种控制操作

    D．可以设置直线、方框、颜色、特殊效果

19. 控件属性窗口的_____选项卡可以设置有关控件名称、输入法模式、提示文本等一些属性。

    A．格式   B．数据   C．事件   D．其他

20. 下列控件名称中，符合 Access 命名规则的是_____。

    A．学号   B．[学号]   C．"学号   D．_学号

第二部分 实 验 题

一、实验目的

（1）掌握如何创建"简单窗体"和使用"分割窗体"工具创建窗体。

（2）利用"窗体向导"创建"一对多"窗体。

（3）使用"命令按钮向导"和"组合框向导"向窗体中添加控件。

（4）在窗体中添加"文本框"计算控件，并设置数据源、格式。

（5）利用"设计视图"创建窗体，熟悉有关窗体属性和控件属性的设置方法。

二、实验 5-1

创建"借阅管理"窗体。

【实验要求】

以"借阅信息表"为数据源，利用"创建"选项卡下的"窗体"选项创建"借阅管理"，如图 5-1 所示。

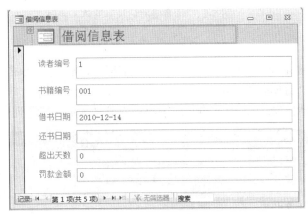

图 5-1 "借阅管理"窗体

【操作步骤】

（1）打开"图书管理系统"数据库，在 Access 左边"导航窗格"中，双击打开或选中"借阅信息表"数据表。

（2）切换到"创建"选项卡下，单击"窗体"组中的"窗体"按钮，自动创建如图 5-1 所示的窗体。

（3）单击工具栏上的"保存"按钮，打开"另存为"对话框，输入窗体名称"借阅管理"，完成创建。

窗体创建完成，默认在布局视图中。在布局视图中，窗口中的各个文本框、标签都是可以移动的，而且可以在格式栏中设置文本的字体、颜色、大小等。自动创建的窗体实际上是窗体的布局视图，并且在选项卡中出现了"格式"和"排列"两个上下文选项卡，帮助用户设置布局视图中的控件格式。

三、实验 5-2

创建"读者借阅记录"窗体。

【实验要求】

以"读者信息表"和"借阅信息表"为数据源,利用"窗体向导"创建"读者借阅记录"窗体,并进行简单调整后结果如图 5-2 所示,在主窗体中显示读者信息,子窗体中显示该读者的借阅记录,通过它可以浏览每位读者的自然情况和借阅情况。

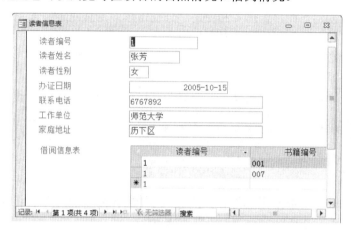

图 5-2 "读者借阅记录"窗体

【操作步骤】

(1)在"图书管理系统"数据库中,切换到"创建"选项卡下,单击"窗体"组中的"窗体向导"按钮,打开"窗体向导"对话框 1,在"表/查询"组合框中选择"表:读者信息表",单击按钮 >>,将"可用字段"列表下的全部字段加入到"选定字段"列表中,如图 5-3 所示。

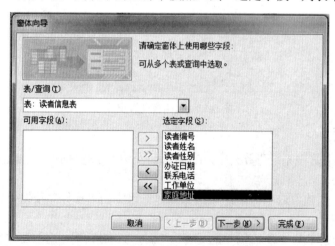

图 5-3 "窗体向导"对话框 1

(2)在图 5-3 所示的"窗体向导"对话框 1 中,将"表/查询"组合框里的选项改为"表:借阅信息表",单击按钮 >>,将"可用字段"列表下的全部字段加入到"选定的字段"列表中,如图 5-4 所示。

(3)单击"下一步"按钮,打开如图 5-5 所示的"窗体向导"对话框 2,确定查看数据的方式为"通过 读者信息表"(主窗体),确定选中示例窗口下的单选项为"带有子窗体的窗体"。

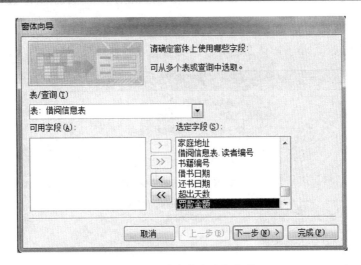

图 5-4　从多个表中选取字段

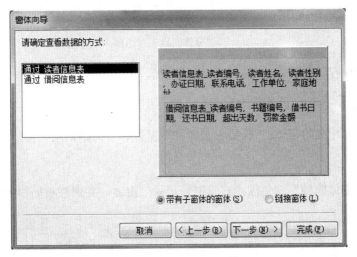

图 5-5　"窗体向导"对话框 2

（4）单击"下一步"按钮，打开如图 5-6 所示的"窗体向导"对话框 3，确定子窗体使用的布局为"数据表"。

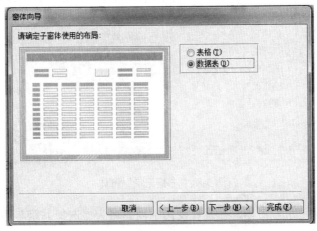

图 5-6　"窗体向导"对话框 3

（5）单击"下一步"按钮，打开如图 5-7 所示的"窗体向导"对话框 4，分别为窗体命名为"读者借阅记录"，将子窗体命名为"借阅信息表子窗体"，单击"完成"按钮。

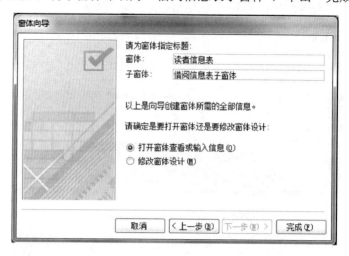

图 5-7 "窗体向导"对话框 4

（6）单击"保存"按钮，完成窗体的设计过程。

四、实验 5-3

创建两个内容相关的窗体："选择书籍名称"窗体和"书籍记录"窗体。

【实验要求】

（1）使用"窗体向导"创建纵栏式"书籍记录"窗体，并调整布局如图 5-8 所示。

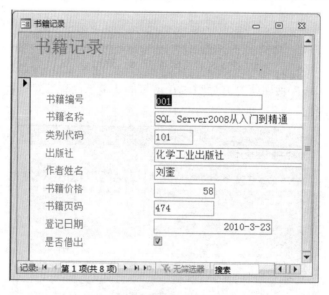

图 5-8 "书籍记录"窗体

（2）关闭"书籍记录"窗体，在设计视图中创建名为"选择书籍名称"的独立窗体，如图 5-9 所示。

图 5-9　"选择书籍名称"窗体

（3）运行时先打开"选择书籍名称"窗体，在组合框中选定值后单击"确定"按钮，弹出"书籍记录"窗体，其中显示的书籍信息与"选择书籍名称"窗体组合框中选定的值相对应。

【操作步骤】

（1）在数据库窗口中，切换到"创建"选项卡下，单击"窗体"组中的"窗体向导"按钮，在"表/查询"中选择"图书信息表"，创建纵栏式窗体，如图 5-8 所示。

（2）单击"保存"按钮，将窗体命名为"书籍记录"。

（3）关闭"书籍记录"窗体，准备创建"选择书籍名称"窗体。

（4）单击"创建"选项卡下的"窗体设计"，调整窗体大小，用鼠标选定"工具箱"中的组合框控件，在窗体中合适的位置单击，打开"组合框"控件，在窗体中适合的位置单击，打开"组合框向导"对话框 1，如图 5-10 所示。

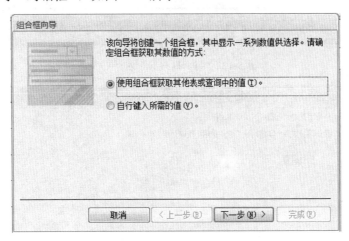

图 5-10　"组合框向导"对话框 1

（5）选中"使组合框获取其他表或查询中的值"单选项，单击"下一步"按钮，打开"组合框向导"对话框 2，在列表中选择"表：图书信息表"，如图 5-11 所示。

（6）单击"下一步"按钮，打开"组合框向导"对话框 3，双击"可用字段"列表中的"书籍名称"加入到"选定字段"列表中。如图 5-12 所示。

（7）单击"下一步"，打开"组合框向导"对话框 4，确定字段排序次序，如图 5-13 所示。

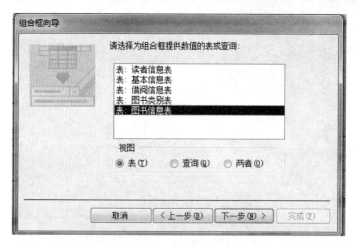

图 5-11　"组合框向导"对话框 2

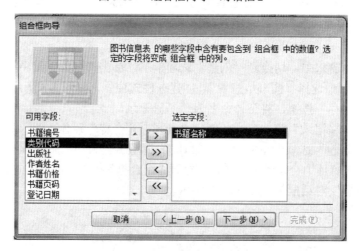

图 5-12　"组合框向导"对话框 3

图 5-13　"组合框向导"对话框 4

（8）单击"下一步"按钮，打开如图 5-14 所示的"组合框向导"对话框 5，指定组合框中列的宽度，确定"隐藏键列"复选框选中。

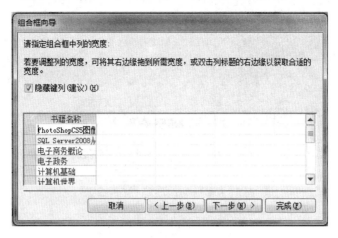

图 5-14 "组合框向导"对话框 5

（9）单击"下一步"按钮，打开"组合框向导"对话框 6，为组合框指定标签为"请选择书籍名称"，如图 5-15 所示，单击"完成"按钮。

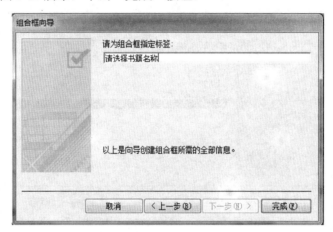

图 5-15 "组合框向导"对话框 6

（10）添加完组合框的窗体设计视图如图 5-16 所示。下面为窗体添加两个命令按钮。

图 5-16 "组合框向导"对话框 7

（11）用鼠标选定"工具箱"中的命令按钮控件，在窗体中合适的位置单击，打开"命令按钮向导"对话框 1，在"类别"列表中选择"窗体操作"，在"操作"列表中选定"打开窗体"，如图 5-17 所示。

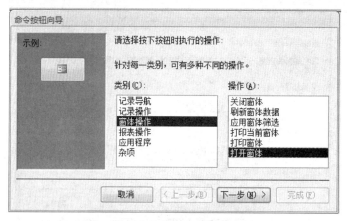

图 5-17 "命令按钮向导"对话框 1

（12）单击"下一步"按钮，打开"命令按钮向导"对话框 2，在列表中选择"书籍记录"，如图 5-18 所示；单击"下一步"按钮，打开"命令按钮向导"对话框 3，选中"打开窗体并查找要显示的特定数据"单选项，如图 5-19 所示。

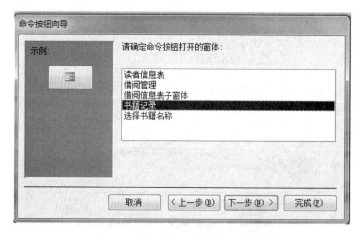

图 5-18 "命令按钮向导"对话框 2

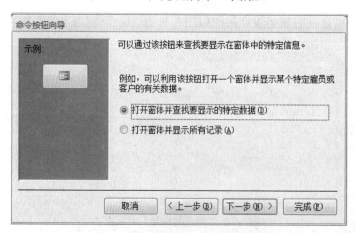

图 5-19 "命令按钮向导"对话框 3

（13）单击"下一步"按钮，打开"命令按钮"对话框 4，在"选择书籍名称"列表中选择唯一的组合框名称，在"书籍记录"列表选择"书籍编号"，单击 <-> 按钮创建匹配字段，如图 5-20 所示。

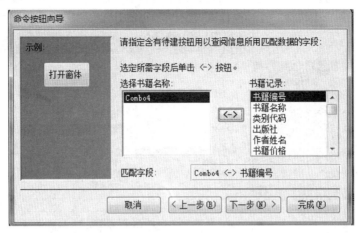

图 5-20　"命令按钮向导"对话框 4

（14）单击"下一步"按钮，打开"命令按钮向导"对话框 5，选中"文本"单选项，并在文本框中输入"确定"，如图 5-21 所示。

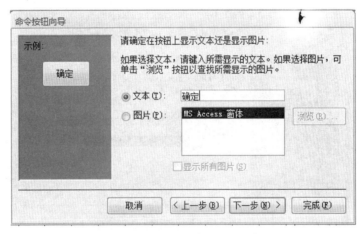

图 5-21　"命令按钮向导"对话框 5

（15）单击"下一步"按钮，打开"命令按钮向导"对话框 6，指定命令按钮的名称，因为不涉及调用，所以保留默认设置，单击"确定"按钮，窗体设计视图如图 5-22 所示。

图 5-22　"命令按钮向导"对话框 6

（16）同样方法创建命令按钮控件，在 窗体中合适的位置单击，打开"命令按钮向导"对话框 7，在"类别"列表中选择"窗体操作"，"操作"列表中选中"关闭窗体"，如图 5-23 所示。

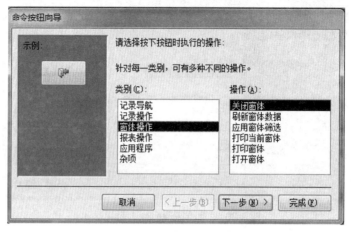

图 5-23 "窗体按钮向导"对话框 7

（17）单击"下一步"按钮，打开"命令按钮向导"对话框 8，选中"文本"单选项，并在文本框中输入"退出"，如图 5-24 所示。

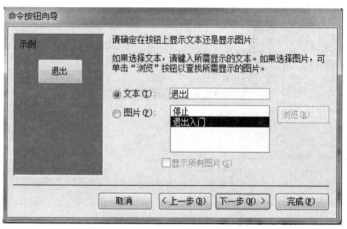

图 5-24 "命令按钮向导"对话框 8

（18）单击"下一步"按钮，打开"命令按钮向导"对话框 9，指定命令按钮的名称，保留默认设置，单击"确定"按钮，窗体设计视图的效果如图 5-25 所示。

图 5-25 "命令按钮向导"对话框 9

（19）打开"窗体"的属性窗口，将"格式"选项卡下的"记录选定器"和"导航按钮"属性设为"否"。

（20）保存窗体名为"选择书籍名称"，完成窗体设计。

五、实验 5-4

创建"超期天数"窗体。

【实验要求】

（1）以实验 3-10 所创建的"超期天数"查询为数据源，使用设计视图创建"超期罚款"窗体。

（2）设置窗体的宽度为 8.7 厘米，将窗体的"记录选定器"属性设为"否"。

（3）在距窗体左边距 2.8 厘米、上边距 0.4 厘米处添加"超期罚款"标签，将文本格式设为蓝色隶书 18 磅，特殊效果设为阴影。

（4）添加两个计算控件"罚款标准"和"罚款金额"，格式为"货币"，小数位数为 1，并为"罚款标准"设置数据源为从"基本信息表"中查找"罚款"字段值；"罚款金额"的数据源为窗体中"超期天数"乘以"罚款标准"。

（5）超期罚款的窗体如图 5-26 所示。

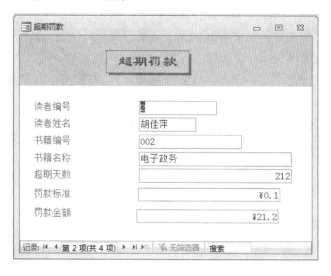

图 5-26　"超期罚款"窗体（一）

【实验步骤】

（1）在数据库窗口中，切换到"创建"选项卡下，单击"窗体"组中的"窗体向导"按钮，在"表/查询"中选择"超期罚款"，创建纵栏式窗体，如图 5-27 所示。

（2）在设计视图下，单击"窗体设计工具"中"格式"下的属性表，打开"窗体"属性窗口，在"格式"选项卡下将"记录选定器"属性设为"否"，"宽度"属性设为 8.7 厘米。

（3）打开"超期罚款"标签的属性窗口，在"格式"选项卡下，将左边距设为 2.8 厘米，上边距设为 0.4 厘米，特殊效果设为阴影，字体名称设为"隶书"，字体大小设为 18，文本对齐设为"居中",单击"前景颜色"属性框后的"省略号"按钮,打开"颜色"对话框从中选定蓝色,调整标签尺寸,使文字完整显示。

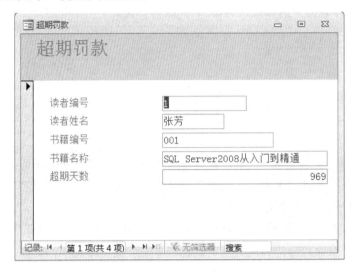

图 5-27 "超期罚款"窗体(二)

(4)调整窗体大小,为添加计算控件留出位置。

(5)在窗体合适的位置添加文本框控件,调整它的布局使之与其他文本框对齐,将文本框的关联标签标题改为"罚款标准",打开该文本框的属性窗口,将"名称"属性改为"罚款标准","格式"属性设为"货币","小数位数"改为 1,并在文本框中输入"=DLookUp("罚款","基本信息表 ")",如图 5-28 所示。

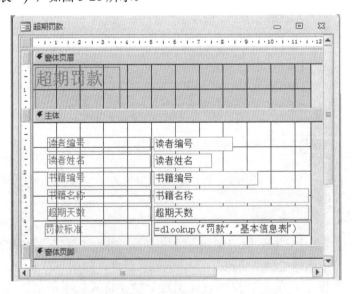

图 5-28 添加计算控件后的窗体设计视图

(6)重复步骤(5),添加"罚款金额"计算控件,关联标签标题为"罚款金额",文本框名称为"罚款金额",在文本框中输入"=[超期天数]*[罚款标准]","格式"属性设置为"货币","小数位数"改为 1,如图 5-29 所示。

图 5-29　设计好的窗体设计视图

（7）单击工具栏上的"保存"按钮，打开"另存为"对话框，为窗体指定名称为"超期罚款"，单击"确定"按钮，完成窗体的设计过程。

六、能力测试

利用"学生选课管理系统"数据库，完成如下操作。

（1）使用窗体工具创建简单窗体——"学生表"窗体，如图 5-30 所示。

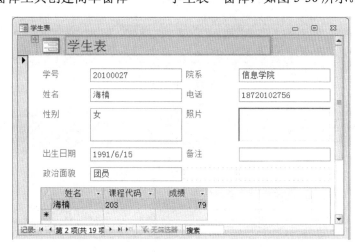

图 5-30　学生窗体

（2）以"课程表"为数据源，利用"分割窗体"工具创建"课程表"分割窗体，如图 5-31 所示。

（3）使用"窗体向导"，创建主子窗体"学生选课情况记录"窗体。主窗体为"学生表"窗体，子窗体数据源为"选课表"。如图 5-32 所示。

（4）使用设计视图创建自定义窗体"学生选课系统"窗体，如图 5-33 所示。

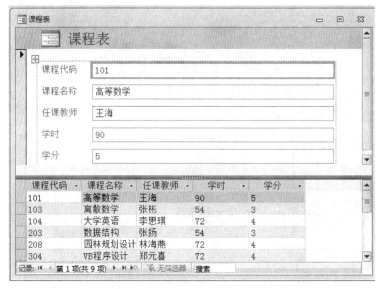

图 5-31 "课程表"分割窗体

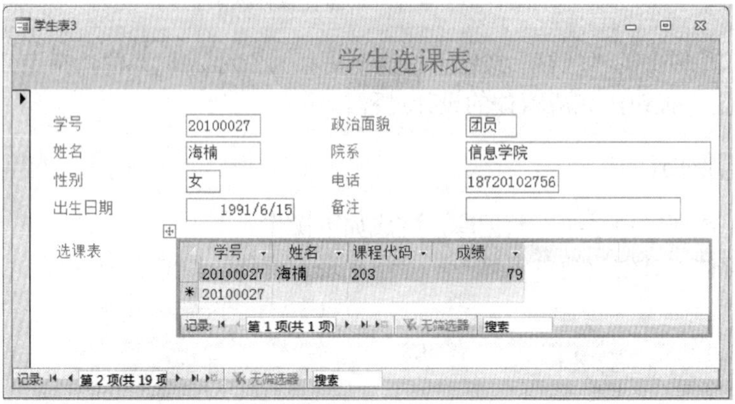

图 5-32 主子窗体

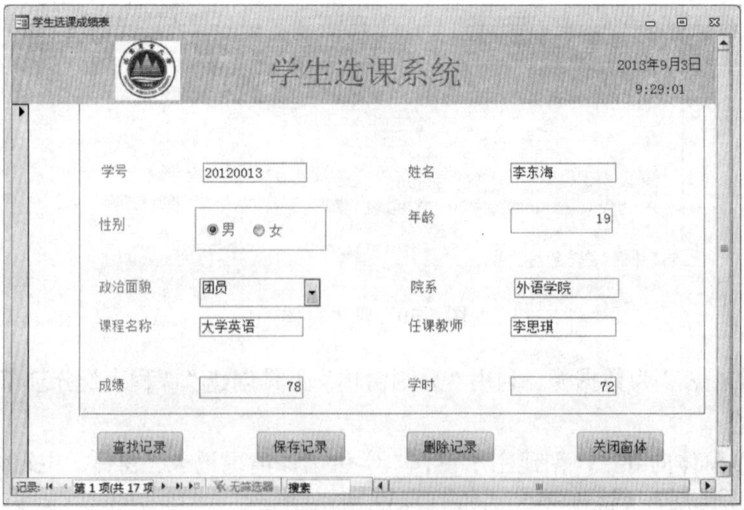

图 5-33 "学生选课系统"窗体

第六章 报表设计

第一部分 理论题

一、填空题

1. 在使用报表设计器设计报表时，如果要统计报表中某个字段的全部数据，应将计算表达式放在_____。

2. Access 2010 的报表有_____、_____、_____、_____4 种视图。

3. 在报表中通过对记录进行了排序和_____，可以更好地组织和分析数据。

4. Access 2010 中报表的数据源可以是_____或_____。

5. 一个报表最多可以对_____个字段或表达式进行分组。

6. 在报表中设置字段的排序方式有两种方式，即_____和_____，默认的方式是前者。

7. 可以在报表上添加一个文本框，通过设置其_____属性为日期或时间的计算表达式来显示日期与时间。

8. 在报表中，要计算"英语"的最低分，就将控件的"控件来源"属性设置为_____。

9. 报表通常由报表页眉、页脚、页面页眉、页面页脚、_____、_____和主体 7 部分组成。

10. 使用"报表"按钮创建的报表为_____报表。

11. 在 Access 2010 中利用"报表"创建报表，必须要先选中某个_____或_____，否则没法创建报表。

12. 使用"空报表"创建报表，数据源只能是_____。

13. 利用"报表向导"创建报表时可以对报表中的数据进行_____和_____。

14. 通过_____创建的报表能用于制作信封、名片。

15. 在打印报表前需对报表进行_____，使报表符合打印机和纸张的要求。

16. 报表数据输出不可缺少的内容是_____的内容。

17. 报表主要用于对数据源中的数据进行_____、_____、_____和打印输出。

18．报表不能对数据源中的数据进行_____。

19．报表中网格线的作用是_____。

20．_____用来显示报表的标题、图形和说明性文字。

二、选择题

1．如果要在整个报表的最后输出信息，需要设置_____。

    A．页面页脚　　　　B．报表页脚　　　　C．页面页眉　　　　D．报表页眉

2．可作为报表记录源的是_____。

    A．表　　　　　　　B．查询　　　　　　C．Select 语句　　　D．以上都可以

3．在报表中，要计算"数学"字段的最高分，就将控件的"控件来源"属性设置为_____。

    A．=Max([数学])　B．Max(数学)　　　C．=Max[数学]　　　D．=Max(数学)

4．在报表设计时，如果只在报表最后一页的主体内容之后输出规定的内容，则需要设置的是_____。

    A．报表页眉　　　　B．报表页脚　　　　C．页面页眉　　　　D．页面页脚

5．若要在报表每一页底部都输出信息，需要设置的是_____。

    A．页面页脚　　　　B．报表页脚　　　　C．页面页眉　　　　D．报表页眉

6．如果设置报表上某个文本框的控件来源属性为"=7 Mod 4"，则打印预览视图中，该文本框显示的信息为_____。

    A．未绑定　　　　　B．3　　　　　　　　C．7 Mod 4　　　　　D．出错

7．在 Access 数据库中，专用于打印的是_____。

    A．表　　　　　　　B．查询　　　　　　C．报表　　　　　　D．页

8．要实现报表的分组统计，其操作区域是_____。

    A．报表页眉或报表页脚区域　　　　　　B．页面页眉或页面页脚区域

    C．主体区域　　　　　　　　　　　　　D．组页眉或组页脚区域

9．下面关于报表对数据的处理中叙述正确的是_____。

    A．报表只能输入数据

    B．报表只能输出数据

    C．报表可以输入和输出数据

    D．报表不能输入和输出数据

10．为了在报表的每一页底部显示页码号，那么应该设置_____。

    A．报表页眉　　　　B．页面页眉　　　　C．页面页脚　　　　D．报表页脚

11．在一个报表中只出现一次的是_____。

    A．主体　　　　　　B．页面页眉　　　　C．页面页脚　　　　D．报表页脚

12．在 Access 报表中要实现按字段分组统计输出，需要设置_____。

    A．主体　　　　　　B．页面页眉　　　　C．页面页脚　　　　D．组页脚

13．下列不属于 Access 2010 报表的视图方式的是_____。

    A．报表视图　　　　B．布局视图　　　　C．版面视图　　　　D．设计视图

14．关于窗体和报表，下列说法正确的是_____。

A．窗体和报表的数据来源都是表、查询和 SQL 语句

B．窗体和报表都可以修改数据源的数据

C．窗体和报表的工具箱中的控件不一样

D．窗体可以作为报表的数据来源

15．报表的作用不包括_____。

A．分组数据　　　B．汇总数据　　　　C．格式化数据　　　　D．输入数据

16．如果需要制作一个公司员工的名片，应该使用_____报表。

A．标签式报表　　　　　　　　B．图表式报表

C．图表窗体　　　　　　　　　D．表格式报表

17．使用_____创建报表，可以完成大部分报表设计的操作，加快了创建报表的过程。

A．报表向导　　　　　　　　　B．使用"设计"视图功能

C．自动报表功能　　　　　　　D．使用向导功能

18．若用户对使用向导生成的报表不满意，可以在_____视图中对其进行进一点的修改和完善。

A．设计　　　　B．表格　　　　　　C．图表　　　　　　D．标签

19．利用向导创建报表时 `>>` 按钮的作用是_____ 。

A．在指定数据源中选定单个字段

B．在指定数据源中选定全部字段

C．从选定字段中取消单个字段

D．从选定字段中取消全部内容

20．使用"报表向导"创建报表时，最多可以对_____字段进行排序。

A．4　　　　B．6　　　　C．8　　　　D．10

第二部分　实　验　题

一、实验目的

（1）熟悉和掌握使用"报表"按钮创建报表。

（2）熟悉和掌握使用报表向导创建报表。

（3）熟悉和掌握创建标签报表的方法。

（4）使用设计视图创建报表。

（5）熟悉和掌握对报表进行分组与排序，使用文本框控件进行计算的方法。

二、实验 6-1

创建"图书信息"报表。

【实验要求】

以"图书信息表"为数据源，利用"报表"按钮创建如图 6-1 所示的"图书信息表"报表。

| 图书信息表 | | | | | | | | |

图书信息表

2013年9月7日
12:47:24

书籍编号	书籍名称	类别代码	出版社	作者姓名	书籍价格	书籍页码	登记日期	是否借出
001	SQL Server2008从入门到精通	101	化学工业出版社	刘奎	58	474	2010-3-23	Yes
002	电子政务	101	高等教育出版社	孙宝文	32	400	2012-5-20	Yes
003	数据库原理及应用	201	水利水电出版社	沈祥玖	26	232	2012-9-10	Yes
004	电子商务概论	101	清华大学出版社	宋文官	25	263	2010-8-20	No
005	计算机基础	101	电子工业出版社	谢希仁	35	457	2007-10-12	Yes
006	计算机世界	301	计算机世界杂志社	计算机世界	8	64	2004-12-3	No
007	PhotoShopCS5图像处理典型实例	201	海洋出版社志社	李昔	68	331	2012-2-5	No
008	网页制作与设计教程	201	水利水电出版社	王仪	38	500	2006-1-1	No
	8							

共 1 页，第 1 页

图 6-1　"图书信息表"报表

【操作步骤】

（1）选定"图书信息表"。打开数据库"图书管理系统"，在最左侧的"导航"窗口的"⊙"选定"图书信息表"，如图 6-2 所示。

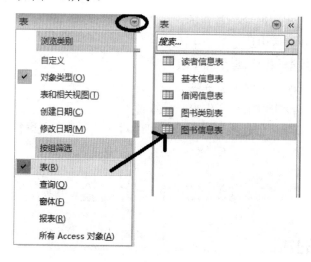

图 6-2　选定"图书信息表"

（2）在"创建"选项卡中选择"报表"项。

（3）保存"图书信息表"报表。

三、实验 6-2

创建"按书籍类别统计图书"报表。

注意：如果报表是涉及两张或两张以上的数据表，一定要先看看报表的关系是否已经建立好，如果报表涉及的数据表没有建立好关系，则必须先建立关系。

【实验要求】

（1）以"图书信息表"与"图书类别表"为数据源，利用"报表向导"创建报表，按"书籍类别"统计每种类别图书的总价格，同类书籍按"书籍价格"升序排列。

（2）报表中包含的字段如图 6-3 所示。

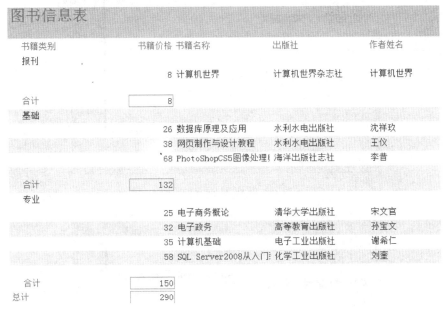

图 6-3 按书籍类别统计图书

【操作步骤】

（1）选定显示字段。打开数据库"图书管理系统"，在"创建"选项卡中选择"报表"组，单击"报表向导"，在出现的窗口中选择"图书类别表"中的"书籍类别"字段，选择"表：图书信息表"中的"书籍名称"、"出版社"、"作者姓名"、"书籍价格"字段，如图 6-4 所示。

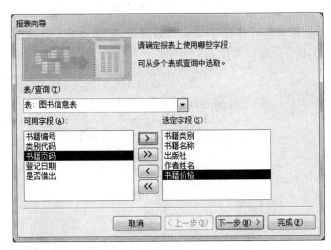

图 6-4 选定显示字段

（2）确定查看数据方式。查看数据方式为"通过 图书信息表"，如图 6-5 所示。

（3）添加分组级别。确定分组级别为"书籍类别"，如图 6-6 所示。

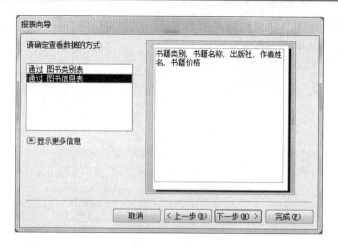

图 6-5　确定数据查看方式

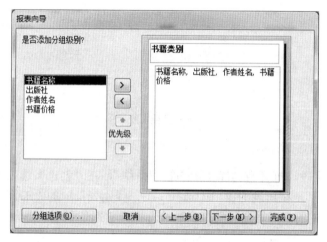

图 6-6　添加分组级别

（4）确定排序和汇总信息。排序字段为"书籍价格"，点击"汇总选项"按钮，确定对"书籍价格"字段进行汇总计算，如图 6-7 所示。

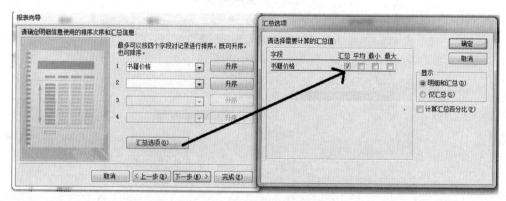

图 6-7　确定排序及汇总信息

（5）编辑设计视图。点击"下一步"，保存。在"开始"选项卡组"视图"中选择"设计视图"，将设计视图中的汇总部分去掉，如图 6-8 所示。点击"设计视图"中的"报表视图"，即可得到如图 6-3 所示的效果。

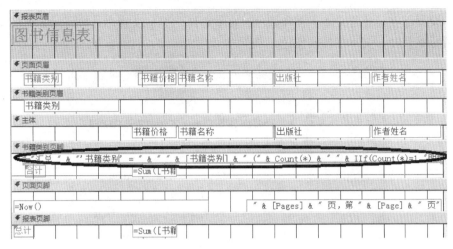

图 6-8　去掉汇总项

四、实验 6-3

创建"读者信息表"的标签报表。

注意：在创建标签报表时一定要选择要创建标签报表的表或查询。

【实验要求】

以"读者信息表"为数据源，利用"标签向导"创建标签报表，同时报表按"读者编号"升序排列，如图 6-9 所示。

读者编号：1	读者编号：2
读者姓名：张芳	读者姓名：胡佳萍
联系电话：6767892	联系电话：8962865
工作单位：师范大学	工作单位：吉联科技

图 6-9　标签报表浏览结果

【操作步骤】

（1）选中"读者信息表"。打开数据库"图书管理系统"，在左侧导航窗格中先选择"读者信息表"，如图 6-10 所示，在"创建"选项卡中选择"报表"组，单击"标签"按钮，按照标签报表向导完成设计。

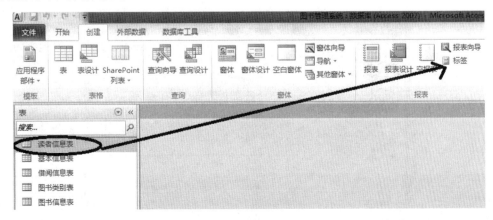

图 6-10　选中"读者信息表"

（2）设置标签尺寸与文本字体和颜色。如图 6-11、图 6-12 所示，按照标签提示向导默认选择设置标签尺寸、文本字体和颜色。

图 6-11　设置标签尺寸

图 6-12　设置文本字体和颜色

（3）设置标签显示内容。如图 6-13 所示，在右侧"原型标签"下的空白框内输入"读者编号"，在左侧"可用字段"框内选中"读者编号"字段点击"　>　"按钮，会在"原型标签"下的框内添加"{读者编号}"。回车后，依次如图 6-13 所示将"读者姓名"、"联系电话"、"工作单位"添加到"原型标签"框内。

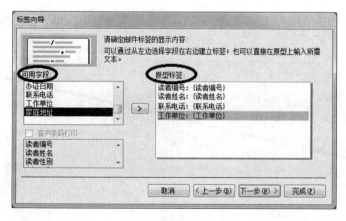

图 6-13　设置标签显示内容

（4）设置排序字段。设置排序字段为"读者编号"，如图 6-14 所示。

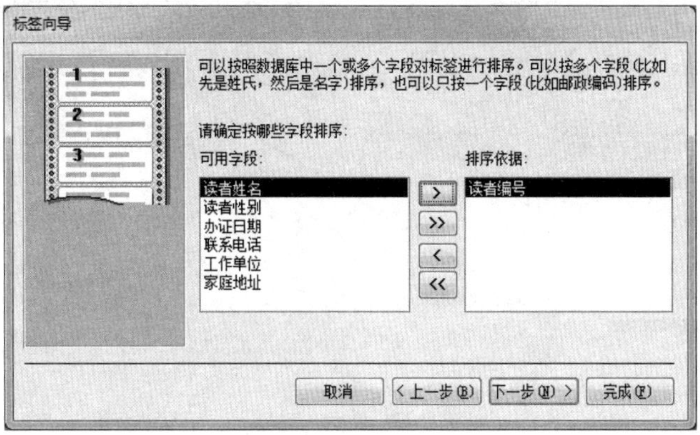

图 6-14　设置排序字段

（5）点击"下一步"，保存结果。

五、实验 6-4

创建"出版社统计"报表。

【**实验要求**】

（1）以"图书信息表"为数据源，利用"报表向导"创建包含如图 6-15 所示字段内容的报表，并以表格形式显示。

（2）在设计视图中将报表按"出版社"分组，并在组页脚中添加计算控件"总价格"，在报表页脚下中添加计算控件"总计"，结果如图 6-15 所示。

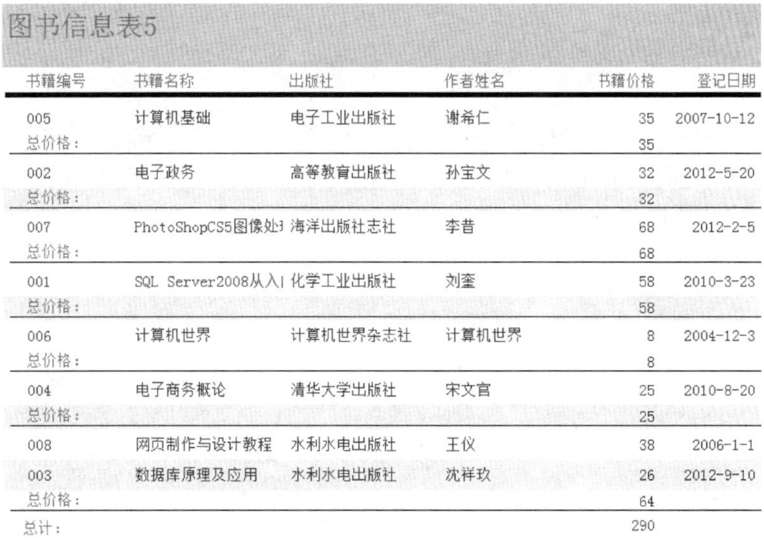

图书信息表5

书籍编号	书籍名称	出版社	作者姓名	书籍价格	登记日期
005	计算机基础	电子工业出版社	谢希仁	35	2007-10-12
总价格：				35	
002	电子政务	高等教育出版社	孙宝文	32	2012-5-20
总价格：				32	
007	PhotoShopCS5图像处	海洋出版社志社	李昔	68	2012-2-5
总价格：				68	
001	SQL Server2008从入	化学工业出版社	刘奎	58	2010-3-23
总价格：				58	
006	计算机世界	计算机世界杂志社	计算机世界	8	2004-12-3
总价格：				8	
004	电子商务概论	清华大学出版社	宋文官	25	2010-8-20
总价格：				25	
008	网页制作与设计教程	水利水电出版社	王仪	38	2006-1-1
003	数据库原理及应用	水利水电出版社	沈祥玖	26	2012-9-10
总价格：				64	
总计：				290	

图 6-15　"出版社统计"报表浏览结果

【**操作步骤**】

（1）利用"报表向导"创建"图书信息表"报表。打开数据库"图书管理系统"，在选项卡"创建"组"报表"中选择"报表向导"按钮，在报表提示向导下选择"图书信息表"中"书籍编号"、"书籍名称"、"出版社"、"作者姓名"、"书籍价格"、"登记日期"，按默认方式点"下一步",并设置报表布局方式,如图 6-16 所示,生成如图 6-17 所示的效果。

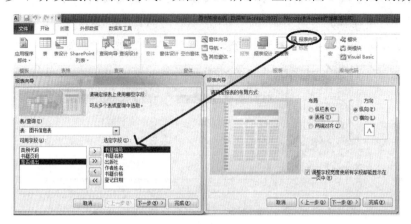

图 6-16 创建"图书信息表"

图书信息表2

书籍编号	书籍名称	出版社	作者姓名	书籍价格	登记日期
001	SQL Server2008从入门	化学工业出版社	刘奎	58	2010-3-23
002	电子政务	高等教育出版社	孙宝文	32	2012-5-20
003	数据库原理及应用	水利水电出版社	沈祥玖	26	2012-9-10
004	电子商务概论	清华大学出版社	宋文官	25	2010-8-20
005	计算机基础	电子工业出版社	谢希仁	35	2007-10-12
006	计算机世界	计算机世界杂志社	计算机世界	8	2004-12-3
007	PhotoShopCS5图像处	海洋出版社志社	李昔	68	2012-2-5
008	网页制作与设计教程	水利水电出版社	王仪	38	2006-1-1

2013年9月10日　　　　　　　　　　　　　　　　　　　　共 1 页,第 1 页

图 6-17 "图书信息表"报表

（2）在设计视图中添加分组。点右键"设计视图"进入设计模式,如图 6-18 所示。在视图下面的"分组、排序和汇总"窗口内选择"添加组"按钮,并设置分组属性。分组字段是"书籍价格","无页眉节","有页脚节",如图 6-19 所示。

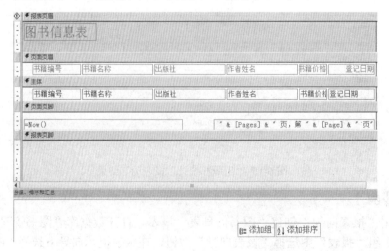

图 6-18 "图书信息表"设计视图

图 6-19 分组设置

（3）添加计算控件。在"设计"选项卡"控件"组中选择"文本框"控件，拖动控件到"书籍价格页脚"节，将文本框附带的标签控件修改为"总价格："，选中文本框控件右键点属性，在属性对话框中设置。控件来源为"=Sum([书籍价格])"，边框样式为"透明"。拖动文本框控件到"报表页脚"节，将文本框附带的标签控件修改为"总计："，文本框属性的设置与上述相同，将如图 6-20 所示。

图 6-20 设置计算控件

（4）添加"直线"控件。在"设计"选项卡"控件"组中选择"直线"控件，拖动控件到"页面页眉"节，设置"直线"控件的属性。边框宽度为 4pt；拖动"直线"控件到"书籍价格页脚"节，设置其属性。边框宽度为 1pt。具体设置如图 6-21 所示。

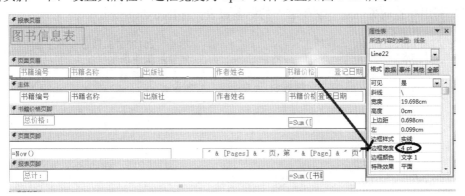

图 6-21 "直线"控件属性设置

六、能力测试

（1）利用"报表设计"和"报表向导"分别创建如图 6-22 所示的报表，数据源为"学生表"。

（2）利用"报表向导"和"报表设计"创建如图 6-23 所示的报表，数据源为"课程表"、"选课表"，并对报表数据按"姓名"汇总，求出每个学生的总分。

学号	20120023
姓名	王楠楠
性别	女
出生日期	1994/1/1
政治面貌	团员
院系	外语学院
电话	13645687210

图 6-22 "学生表"报表

选课表

姓名	课程名称	成绩
海楠		
	数据结构	79
合计		79
胡佳易		
	VB程序设计	84
合计		84
李东海		
	大学英语	78
合计		78
孙晓刚		
	高等数学	93
	大学语文	88
	大学英语	87

图 6-23 "选课表"报表

（3）利用标签向导创建"学生表"的标签报表，如图 6-24 所示。

学号：20120023 姓名：王楠楠
院系：外语学院

学号：20120078 姓名：吴彤彤
院系：信息学院

图 6-24 "学生表"标签报表

第七章 宏

第一部分 理 论 题

一、填空题

1. 通过宏打开某个数据表的宏命令是_____。

2. 打开查询的宏命令是_____。

3. 如果要建立一个宏,希望执行该宏后,首先打开一个表,然后打开一个窗体,那么在该宏中,应使用_____和_____两个宏命令。

4. 在宏的表达式中,还可能引用到窗体或报表上的控件值。引用窗体控件的值,可以使用表达式_____;引用报表控件的值,可以使用表达式_____。

5. 若执行操作的条件是如果"姓名"为空,则条件表达式为_____。

6. 若执行操作的条件是"发货日期"在 2004 年 2 月 2 日到 2004 年 5 月 2 日之间,则条件表达式为_____。

7. 如果要放大活动窗口,使其充满 Access 窗口,让用户尽可能多地看到活动窗口中的对象,应采用的宏操作是_____;相反,如果想让活动窗口缩小为 Access 窗口底部的小标题栏,应采用的宏操作是_____。

8. 设置的宏操作是_____。

9. CloseWindow 命令用于计算机发出嘟嘟声_____。

10. 宏是由_____或_____操作组成的集合。

11. 通过执行宏,Access 能够有次序地_____执行一连串的操作。

12. 每个宏操作的参数都显示在_____中。

13. 在 Access 系统中,宏保存都需要_____。

14. 在宏中,如果设计了_____,有些操作就会根据条件情况来决定是否执行。

15. QuitAccess 命令用于_____。

16. 对于事务性的或重复性的操作,可以通过_____来实现。

17. 在 Access 中提供了将宏转换为等价的_____过程或模块的功能。

18. 被命名为_____保存的宏,在打开该数据库时会自动运行。

19. 条件项是逻辑表达式,返回值只有两个:_____和_____。

20. 一个宏可以含有多个操作,并且可以定义它们执行的_____。

二、选择题

1. 有关宏操作，叙述错误的是_____。
   A．宏的条件表达式中不能引用窗体或报表的控件值
   B．所有宏操作都可以转化为相应的模块代码
   C．使用宏可以启动其他应用程序
   D．可以利用宏组来管理相关的一系列宏

2. 若要限制宏命令的操作范围，可以在创建宏时定义_____。
   A．宏操作对象　　　　　　　　　　B．宏条件表达式
   C．窗体或报表控件属性　　　　　　D．宏操作目标

3. 在宏的表达式中要引用报表 test 上控件 txtName 的值，可以使用引用式_____。
   A．txtName　　　　　　　　　　　B．test! txtName
   C．Reports! test! txtName　　　　　D．Reports! txtName

4. VBA 的自动运行宏，应当命名为_____。
   A．AutoExec　　　　B．Autoexe　　　　C．Auto　　　　D．AutoExec.bat

5. 若一个宏中包含多个操作，则在运行宏时将按_____的顺序来运行这些操作。
   A．从下到上　　　　B．从上到下　　　　C．随机　　　　D．上述都不对

6. 宏组由_____组成。
   A．若干个宏操作　　　　　　　　　B．一个宏
   C．若干个宏　　　　　　　　　　　D．上述都不对

7. 宏命令、宏、宏组的组成关系由小到大为_____。
   A．宏、宏命令、宏组　　　　　　　B．宏命令、宏、宏组
   C．宏、宏组、宏命令　　　　　　　D．以上都错

8. 下列关于运行宏的说法中，错误的是_____。
   A．运行宏时，对每个宏只能连续运行
   B．打开数据库时，可以自动运行名为"autoexec"的宏
   C．可以通过窗体、报表上的控件来运行宏
   D．可以在一个宏中运行另一个宏

9. 如果不指定对象，CloseWindow 将会_____。
   A．关闭正在使用的表　　　　　　　B．关闭当前数据库
   C．关闭当前窗体　　　　　　　　　D．关闭活动窗口

10. _____是一系列操作的集合。
    A．窗体　　　　　　B．报表　　　　　　C．宏　　　　　　D．模块

11. 使用_____可以决定在某些情况下运行宏时，某个操作是否进行。
    A．语句　　　　　B．条件表达式　　　　C．命令　　　　D．以上都不是

12. 宏的命名方法与其数据库对象相同，宏按_____调用。
    A．名　　　　　　B．顺序　　　　　　C．目录　　　　　D．系统

13. 宏组中的宏按_____调用。
    A．宏名.宏　　　　　　　　　　　B．宏组名.宏名
    C．宏名.宏组名　　　　　　　　　D．宏.宏组名

14. 宏的操作都可以在模块对象中通过编写_____语句来达到相同的功能。

A．SQL　　　　　B．VBA　　　　　C．VB　　　　　D．以上都不是

15．若在宏表达式中引用窗体 Form 1 上控件 Txt1 的值，可以使用的引用式是_____。

　　A．Txt1　　　　　　　　　　　B．Form!Txt1

　　C．Forms!Form1!Txt1　　　　　D．Forms!Txt1

16．条件宏的条件项的返回值是_____。

　　A．真　　　　　B．假　　　　　C．真或假　　　　　D．不能确定

17．在 Access 中，可以通过选择运行宏或_____来响应窗体、报表或控件上发生的事件。

　　A．运行过程　　　B．事件　　　　　C．过程　　　　　D．事件过程

18．用于显示消息框的宏命令是_____。

　　A．Beep　　　　　B．MessageBox　　C．Quit　　　　　D．Restore

19．用于打开窗体的宏命令是_____。

　　A．OpenForm　　　B．Requery　　　　C．OpenReport　　D．OpenQuery

20．OpenReport 命令表示_____。

　　A．打开数据库　　　　　　　　B．打开报表

　　C．打开窗体　　　　　　　　　D．执行指定的外部应用程序

▲ 第二部分　实　验　题

一、实验目的

（1）了解宏的基本概念。

（2）掌握创建宏、宏组、条件操作宏。

二、实验 7-1

宏的创建与使用。

【实验要求】

（1）利用"窗体向导"创建一个表格式"读者信息表"窗体，如图 7-1 所示。

读者信息表

读者编号	读者姓名	读者性别	办证日期	联系电话	工作单位	家庭地址
1	张芳	女	2005-10-15	6767892	师范大学	历下区
2	胡佳萍	女	2008-11-26	8962865	吉联科技	历城区
3	王平	男	2010-12-9	5664883	教育厅	历下区
4	宋少伟	男	2008-5-20	6756587	农业厅	市中区

图 7-1　"读者信息表"窗体

（2）利用"窗体设计"创建一个如图所示只包含一个命令按钮的窗体，命名为"宏显示"，

如图 7-2 所示。

图 7-2　创建"宏显示"窗体

（3）设置一个能最大化打开"读者信息表"的窗体，同时使计算机发出嘟嘟声的宏，命名为"宏1"。让"宏显示"窗体中的命令按钮调用写好的宏指令"宏1"。

【操作步骤】

（1）创建表格式"读者信息表"窗体。打开数据库"图书管理系统"，在"创建"选项卡组"窗体"中选择"窗体向导"按钮，按向导提示生成如图 7-1 所示的窗体，并命名为"读者信息表"窗体。

（2）创建"宏显示"窗体。在"创建"选项卡组"窗体"中选择"窗体设计"按钮，进入窗体设计模式。在"设计"选项卡"控件"组中选择"按钮"，将"按钮"拖动到设计窗体，修改"按钮"显示内容为"显示读者信息"，如图 7-2 所示，且窗体命名为"宏显示"。

（3）创建宏操作"宏 1"。在"创建"选项卡组"宏与代码"中选择"宏"按钮，在出现的宏设计界面"➕"旁边点开组合框的"🔽"按钮，选择"OpenForm"宏指令，并设置窗体名称为"读者信息表"。在下面的"➕"旁边分别添加"MaximizeWindow"和"Beep"两条宏指令，并命名为"宏 1"。如图 7-3 所示。

（4）在窗体中调用宏指令。打开"宏显示"窗体，选中命令按钮点右键属性，在属性框中设置"单击"属性为"宏 1"，如图 7-4 所示。

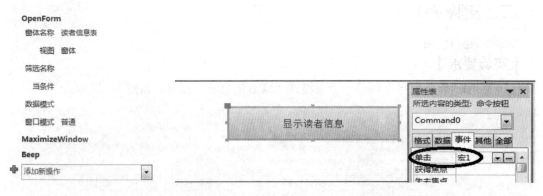

图 7-3　宏指令设置　　　　　　　　　图 7-4　命令按钮属性设置

三、实验 7-2

创建名为"显示读者姓名"的宏。

【实验要求】

为"借阅信息表"窗体中的"显示读者姓名"按钮创建名为"显示读者姓名"的宏，功能是单击按钮能在提示窗口中显示出对应的读者姓名，如图 7-5、图 7-6 所示。

图 7-5 "借阅信息表"窗体　　　　　　图 7-6 读者姓名显示框

【操作步骤】

（1）利用"窗体"创建"借阅信息表"窗体。打开数据库"图书管理系统"，在最左侧的"导航"窗口的" 😊 "选定"借阅信息表"。在"创建"选项卡"窗体"组中选择"窗体"按钮，创建如图 7-7 所示的窗体，并命名为"借阅信息表"。

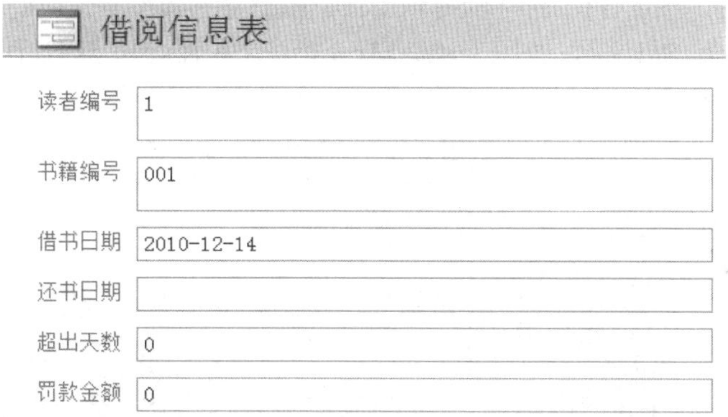

图 7-7 "借阅信息表"窗体

（2）编辑"借阅信息表"窗体。在"借阅信息表"窗体中添加"命令"按钮，并设置命令按钮单击属性。点击属性对话框"…"进入选择生成器，选择"宏生成器"，进入宏设计窗口，如图 7-8 所示。

图 7-8 选择宏生成器

（3）设置宏操作。在宏设计窗口，选择"MessageBox"宏指令，设置消息属性为：=DLookUp("读者姓名","读者信息表","读者编号=[forms]![借阅信息表]![读者编号]")，如图7-9所示。

⊟ MessageBox	
消息	=DLookUp("读者姓名","读者信息表","读者编号=[forms]![借阅信息表]![读者编号]")
发嘟嘟声	是
类型	无
标题	

图 7-9　MessageBox 宏指令设置

四、实验 7-3

创建名为"显示进书价格"的宏。

【实验要求】

利用"窗体向导"创建一个纵栏式"读者信息表"窗体，在窗体中调用宏，实现的功能是：单击命令按钮出现显示进书价格的提示窗口，根据"书籍价格"值的范围来计算进书价格（标准是：<=10 元的打 9 折；>10 且<=20 打 8 折；>20 且<=30 打 7 折；>30 打 6 折），如图 7-10、图 7-11 所示。

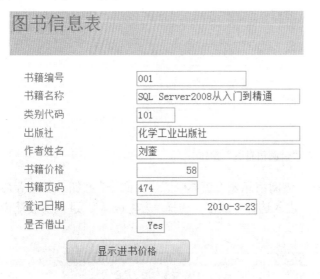

图 7-10　"图书信息表"窗体

图 7-11　"进书价格"显示框

【操作步骤】

（1）利用"窗体向导"创建"借阅信息表"窗体。打开数据库"图书管理系统"，在"创建"选项卡"窗体"组中选择"窗体向导"按钮，创建窗体，并命名为"图书信息表"。

（2）编辑"借阅信息表"窗体。在"图书信息表"窗体中添加"命令"按钮，并设置命令按钮单击属性。点击属性对话框"…"进入选择生成器，选择"宏生成器"，进入宏设计窗口。

（3）设置宏操作。具体设置如图 7-12 所示，在宏设计窗口，选择"If"宏指令，设置 If 的条件为"[Forms]![图书信息表]![书籍价格]<=10"，在 If 与 End If 之间添加"MessageBox"宏指令，设置"MessageBox"指令的消息为"=[Forms]![图书信息表]![书籍价格]*.9"；在 End

If 的后面添加第二个"If"宏指令，设置条件为"[Forms]![图书信息表]![书籍价格]>=10 And [Forms]![图书信息表]![书籍价格]<20"，在 If 与 End If 之间添加"MessageBox"宏指令，设置"MessageBox"指令的消息为"=[Forms]![图书信息表]![书籍价格]*.8"；在 End If 的后面添加第三个"If"宏指令，设置条件为"[Forms]![图书信息表]![书籍价格]>=20 And [Forms]![图书信息表]![书籍价格]<30"，在 If 与 End If 之间添加"MessageBox"宏指令，设置"MessageBox"指令的消息为"=[Forms]![图书信息表]![书籍价格]*.7"；在 End If 的后面添加第四个"If"宏指令，设置条件为"[Forms]![图书信息表]![书籍价格]>30"，在 If 与 End If 之间添加"MessageBox"宏指令，设置"MessageBox"指令的消息为"=[Forms]![图书信息表]![书籍价格]*.6"。

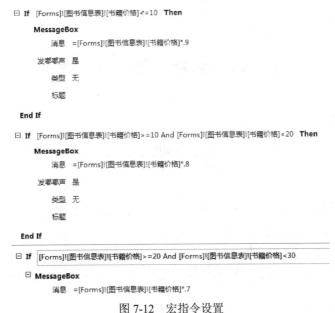

图 7-12　宏指令设置

五、能力测试

在"学生选课系统"中利用"选课表"、"课程表"实现如图 7-13 所示的运行结果。

图 7-13　运行结果

第八章　模块与VBA编程基础

第一部分　理　论　题

一、填空题

1. VBA 中使用顺序结构、_____和_____3 种流程控制结构。

2. _____是指若干相同类型的元素的集合。

3. VBA 中变量域分为_____、_____和_____3 个层次。

4. 在 VBA 编程中，变量定义的位置和方式不同，则它存在的时间和起作用范围也有所不同，这就是变量的_____和_____。

5. 模块分为_____和_____两种类型。

6. 窗体模块和_____模块都是_____模块，它们各自与某一特定窗体或报表相关联。

7. 执行语句中 b=IIF（−1，4，5）后，b 的值是_____。

8. 方法的实现过程是由_____设定好的，而事件过程代码是由_____编写。

9. 当文本框或组合框的文本的部分内容更改时，将发生_____事件。

10. 在 VBA 中，对象运算符有两个，分别是_____和_____。

11. 标准模块中的公共变量和公共过程具有_____。

12. 数组 Array(3,3,6)是_____维数组，在 VBA 中，最多可以定义_____维的数组。

13. VBA 中的 IsDate 函数是用来判断表达式的值是否是_____。

14. _____是为变量指定一个值或表达式。

15. _____事件发生在窗体被关闭之后，在屏幕上删除之前。

16. VBA 中的 3 种选择函数是_____、Switch 和 Choose。

17. Int(4.78) =_____。

18. 想产生一个[20，30]之间的随机整数，用到的公式为_____。

19. 要使在文本框中显示某个字符，需要设置其_____属性。

20. 运算符"&"的作用是_____。

二、选择题

1. VBA 中定义符号常量的关键字是_____。

　　A．Const　　　　　B．Public　　　　　C．Private　　　　　D．Dim

2．下面变量名中符合 VBA 命名规则的是＿＿＿＿＿＿＿＿。

　　A．3M　　　　　　B．Time.txt　　　　C．Dim　　　　　　D．Sel_one

3．已知程序段如下：

　　S=0

　　For m=1 to 10 step 2

　　　　S=S+m

　　Next m

　　Print S

其运算结果 S 的值是＿＿＿＿＿＿＿＿。

　　A．24　　　　　　B．25　　　　　　　C．36　　　　　　　D．55

4．定义了二维数组 A（3 to 6，6），则该数组的元素个数是＿＿＿＿＿＿＿＿。

　　A．24　　　　　　B．28　　　　　　　C．36　　　　　　　D．49

5．以下程序段运行后，消息框的输出结果是＿＿＿＿＿＿＿＿。

　　a=sqr(3)

　　b=aqr(2)

　　c=a＞b

　　msgbox c+2

　　A．–1　　　　　　B．1　　　　　　　　C．2　　　　　　　　D．出错

6．用于实现无条件转移的是＿＿＿＿＿＿＿＿。

　　A．goto 语句　　　B．if 语句　　　　　C．switch 语句　　　D．if…else 语句

7．可以实现重复执行一行或几行程序代码的语句是＿＿＿＿＿＿＿＿。

　　A．循环语句　　　B．条件语句　　　　C．赋值语句　　　　D．声明语句

8．下列关于 VBA 面向对象中的"事件"说法，正确的是＿＿＿＿＿＿＿＿。

　　A．每个对象的事件都是不相同的

　　B．触发相同的事件，可以执行不同的事件过程

　　C．事件可以由程序员定义

　　D．事件都是由用户的操作触发的

9．执行语句 c=IIF(0，3，2)后，c 的值为＿＿＿＿＿＿＿＿。

　　A．0　　　　　　　B．3　　　　　　　　C．2　　　　　　　　D．NULL

10．程序中的横线上应该填写为＿＿＿＿＿＿＿＿，才能调用 Mysub 过程。

　　A．call Mysub(a,sum)　　　　　　　B．call Mysub(a,x)

　　C．call Mysub a,sum　　　　　　　　D．Mysub a,x

11．下列关于模块的说法中，＿＿＿＿＿＿＿＿是错误的。

　　A．有两种基本模块，一种是标准模块，另一种是类模块。

　　B．窗体模块和报表模块都是类模块，它们各自与某一特定窗体或报表相关联。

　　C．标准模块包含与任何其他对象都无关的常规过程，以及可以从数据库任何位置
　　　　运行的经常使用的函数

　　D．模块是装着 VBA 代码的管理器

12. 下列关于模块的说法中，_____是错误的。
    A. 模块基本上由声明、语句和过程构成
    B. 窗体和报表都属于类模块
    C. 类模块不能独立存在
    D. 标准模块包含通用过程和常用过程

13. 下列代码中，_____可以使空间 TxtBox 获得焦点。
    A. set TxtBox.focus   B. set TxtBox.focus=True
    C. TxtBox.SetFocus   D. TxtBox.SetFocus=True

14. 下列下列定义常量的语句正确的是_____。
    A. Dim PI=3.1416   B. static PI=3.1416
    C. const PI=3.1416   D. var PI=3.1416

15. Select case…End Select 结构与下列_____语句结构可以实现同样的功能。
    A. If…Then…End If   B. For…Next
    C. Do…Loop   D. While…Wend

16. 设 A=2，B=3，C=4，D=5，表达式 NOT A<=C OR 4*C=B^2 AND B<>A+C 的值为_____。
    A. −1   B. 1   C. True   D. False

17. 在 VB 中，如何表示数学表达式 $1 \leqslant y \leqslant 10$_____。
    A. 1<=y and y<=10   B. 1<=y<=10
    C. y<=10 or y>=1   D. 1≤y≤10

18. 在事件 KeyPress 中，我们通常利用的是它传递的_____参数。
    A. Keycode   B. KeyAscii   C. Button   D. x,y

19. 确定一个窗体或控件的大小的属性是_____。
    A. Width 和 Height   B. Width 和 Left
    C. Top 和 Left   D. Top 和 Height

20. 可以产生随机数的函数是_____。
    A. ASC()   B. Int()   C. Rnd()   D. Str()

第二部分 实 验 题

一、实验目的

熟悉和掌握以下知识点：
（1）熟悉和掌握为窗体和控件事件编写 VBA 代码的方法；
（2）掌握 VBA 的 3 种流程控制结构、顺序结构、选择结构、循环结构。

二、实验 8-1

编写程序以实现单击窗体上的按钮实现不同的功能。

【实验要求】

编写如图 8-1 的窗体，窗体上有一个文本框，两个按钮，文本框中的文字初始是空的。

当单击"确定"按钮时，文本框中出现"山东农业大学"；当单击"取消"按钮时，文本框中的内容清空。

【操作步骤】

（1）新建一个数据库，选择"创建"→"窗体"→"空白窗体"。

（2）在上面的工具面板中分别添加一个文本框和两个按钮，将按钮的标题分别修改成"确定"和"取消"。分别单击文本框和按钮的右键→"布局"→"删除布局"，调整它们的位置。

（3）将窗体切换到设计视图，单击确定按钮的右键选择"事件生成器"→"代码生成器"，分别在两个按钮的 Click 事件中写如图 8-1 代码。

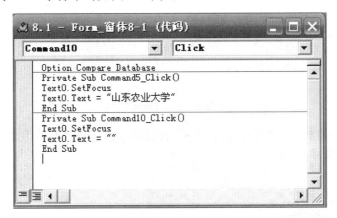

图 8-1 代码窗口

（4）单击文件菜单"保存"，名字为窗体 8-1，单击右键选择"窗体视图"运行查看效果。如图 8-2 所示。

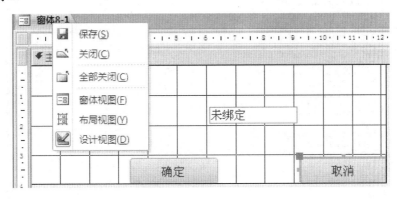

图 8-2 两个按钮编程的窗口

三、实验 8-2

编写简单的计算器，以完成加、减、乘、除运算。

【实验要求】

界面如图 8-3 所示，单击"+"、"–"、"*"、"/"按钮能对两个操作数进行简单的加、减、乘、除计算功能。

【操作步骤】

（1）新建一个数据库，选择"创建"→"窗体"→"空白窗体"。

（2）在上面的工具面板中分别添加三个文本框和四个按钮，分别单击文本框和按钮的右键→"布局"→"删除布局"，调整它们的位置。如图 8-3 所示。

图 8-3　计算器窗体

（3）将窗体切换到设计视图，单击"+"按钮的右键选择"事件生成器"→"代码生成器"，设计代码如图 8-4 所示。

```
Private Sub Command1_Click()
Text1.SetFocus
a = Val(Text1.Text)
Text2.SetFocus
b = Val(Text2.Text)
Text3.SetFocus
Text3.Text = a + b
End Sub
Private Sub Command2_Click()
Text1.SetFocus
a = Val(Text1.Text)
Text2.SetFocus
b = Val(Text2.Text)
Text3.SetFocus
Text3.Text = a - b
End Sub
Private Sub Command3_Click()
Text1.SetFocus
a = Val(Text1.Text)
Text2.SetFocus
b = Val(Text2.Text)
Text3.SetFocus
Text3.Text = a * b
End Sub
Private Sub Command4_Click()
Text1.SetFocus
a = Val(Text1.Text)
Text2.SetFocus
b = Val(Text2.Text)
Text3.SetFocus
Text3.Text = a / b
End Sub
```

图 8-4　代码窗口

（4）单击文件菜单"保存"，名字为窗体 8-2，单击右键选择"窗体视图"运行查看效果。

四、实验 8-3

编写一个窗体，第一个文本框中随机产生 10 个[1，100]之间的随机整数，单击窗体上的排序按钮，将该 10 个整数按照从小到大的顺序在第二个文本框中显示出来。

【实验要求】

界面上有两个文本框和两个按钮，一个按钮标题是"产生"，一个按钮标题是"排序"。单击"产生"按钮能产生 10 个[1，100]之间的随机整数，单击"排序"按钮能对数据进行排序。

【操作步骤】

（1）新建一个数据库，选择"创建"→"窗体"→"空白窗体"。

（2）在上面的工具面板中分别添加两个文本框和两个按钮，分别单击文本框和按钮的右键→"布局"→"删除布局"，调整它们的位置。单击文本框右键修改两个文本框的属性，将名称分别改为 Text1 和 Text2；按钮的右键修改属性，将名称修改成 Command1 和 Command2，标题修改成"产生"和"排序"。如图 8-5 所示。

图 8-5　排序程序运行窗口 1

（3）将窗体切换到设计视图，单击"确定"按钮的右键选择"事件生成器"→"代码生成器"分别在两个按钮的 Click 事件中写如图 8-6 所示的代码。

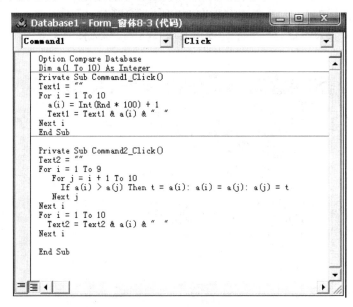

图 8-6　代码窗口

（4）单击文件菜单"保存"，名字为窗体 8-3，单击右键选择"窗体视图"运行查看效果。如图 8-7 所示。

图 8-7 排序程序运行窗口 2

五、实验 8-4

编写一个程序，判断输入的成绩是不及格、及格、良好、优秀。

【实验要求】

界面上有一个文本框和一个按钮，在文本框中输入一个成绩，单击"确定"按钮判断该成绩，在窗体上弹出一个消息框显示属于不及格、及格、良好、优秀中的哪个档次。

【操作步骤】

（1）新建一个数据库，选择"创建"→"窗体"→"空白窗体"。

（2）在上面的工具面板中分别添加一个文本框和一个按钮，将按钮的标题修改成"确定"。

（3）将窗体切换到设计视图，单击"确定"按钮的右键选择"事件生成器"——"代码生成器"分别在按钮的 Click 事件中写如图 8-8 所示的代码。

（4）单击文件菜单"保存"名字为窗体 8-4，单击右键选择"窗体视图"运行查看效果。如图 8-9 所示。

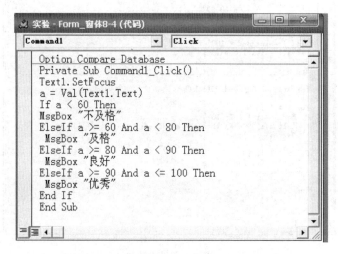

图 8-8 代码窗口

图 8-9　判断成绩窗口

六、实验 8-5

编写程序以实现单击窗体上的"查询"按钮实现查询读者信息的功能。

【实验要求】

编写如图 8-10 的"读者查询"窗体，对"查询"按钮编写 VBA 代码，要求在"读者编号"文本框中输入信息并单击"查询"按钮，在"读者信息表"中查询指定记录，并在窗体中显示相关信息，如图 8-11 所示；若没有读者编号，则显示如图 8-12 所示的消息框；若没有找到相关记录，则显示如图 8-13 所示的消息框。单击"退出"按钮退出窗体。

图 8-10　"读者查询"窗体

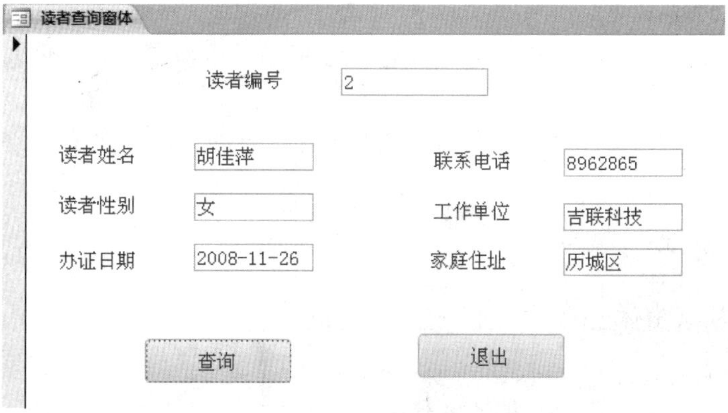

图 8-11　查询结果

图 8-12 "读者编号"为空时的消息框   图 8-13 读者记录不存在时的消息框

【操作步骤】

（1）打开"图书管理系统.accdb"数据库，选择"创建"→"窗体"→"空白窗体"添加了 7 个文本框和两个按钮，设计出如图 8-10 效果的"读者查询"窗体（注意该窗体没有数据源）。

（2）进入窗体的设计视图，单击右键选择"属性"，分别将文本框的名称修改成 Text1，Text2，Text3，Text4，Text5，Text6，Text7，将按钮的名称修改成 Command1，Command2。

在设计视图中单击"查询"按钮的右键选择"事件生成器"→"代码生成器"单击确定进入 VBE 窗口。

（3）选择 VBE 窗口的"工具"→"引用"弹出"引用"对话框，选中"Microsoft ActiveX Data Objects 2.1Library"项的复选框，然后单击"确定"。如图 8-14 所示。

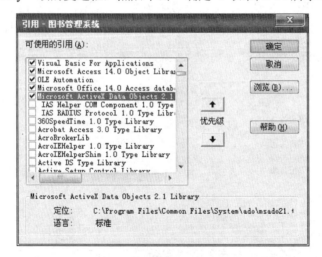

图 8-14　引用对话框的设计

（4）单击 Command1 按钮编写代码如图 8-15 所示；单击 Command2 按钮编写代码如图 8-16 所示。

（5）单击"保存"，关闭 VBE 窗口，保存窗体为"读者查询窗体"，单击窗体视图测试两个按钮的效果。

七、实验 8-6

编写程序以实现窗体上的"折旧"按钮的功能。

【实验要求】

为如图 8-17 所示的"图书折旧"窗体中"折旧"按钮编写 VBA 代码，当单击"折旧"

按钮时，将"图书信息表"中所有图书的"书籍价格"乘以 0.7，并在窗体中体现结果，如图 8-18 所示。

```
图书管理系统 - Form_读者查询窗体 (代码)
Command1                          ▼   Click                          ▼
Option Compare Database
Private Sub Command1_Click()
Dim cn As New ADODB.Connection
Dim rs As New ADODB.Recordset
Dim str As String
Set cn = CurrentProject.Connection
If IsNull(Me.Text1) Then
    MsgBox "请输入读者编号!", vbOKOnly + vbCritical, "提示"
    Me.Text1.SetFocus
Else
    str = "select * from 读者信息表 where 读者编号='" & Me.Text1 & "'"
    rs.Open str, cn, adopendynamic, adlockoptimistic, adcmdtext
    If Not rs.EOF Then
        Me.Text2 = Trim(rs(1))
        Me.Text3 = Trim(rs(2))
        Me.Text4 = Trim(rs(3))
        Me.Text5 = Trim(rs(4))
        Me.Text6 = Trim(rs(5))
        Me.Text7 = Trim(rs(6))
    Else
        MsgBox "没有该读者,请重新输入读者编号!", vbOKOnly + vbCritical, "提示"
        Me.Text1 = ""
        End If
End If
rs.Close
cn.Close
Set rs = Nothing
Set cn = Nothing
End Sub
```

图 8-15 "查询"按钮 Command1 的代码

```
Private Sub Command2_Click()
On Error GoTo w
    DoCmd.Close
w:
 Exit Sub
  MsgBox Err.Description
  Resume w
End Sub
```

图 8-16 "退出"按钮 Command2 的代码

图 8-17 "图书折旧"窗体

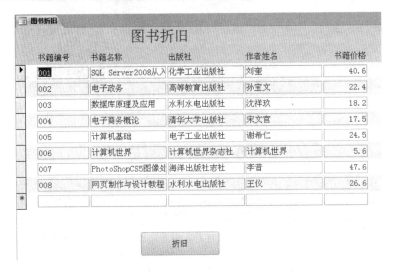

图 8-18　运行效果

【操作步骤】

（1）打开"图书管理系统.accdb"数据库，然后单击"创建"→"窗体"→"窗体向导"选择所需要显示的字段，如图 8-19 所示；创建如图 8-17 所示的基于图书信息表的窗体。

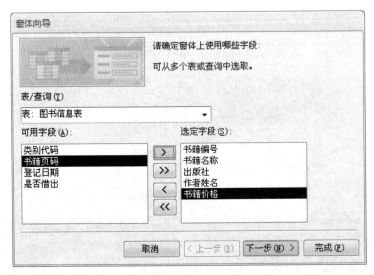

图 8-19　"图书折旧"窗体字段选择

（2）在窗体上添加一个按钮，将按钮的名称修改成 Command1，标题改成"折旧"。

（3）在设计视图中单击"折旧"按钮的右键选择"事件生成器"→"代码生成器"单击确定进入 VBE 窗口。

（4）选择 VBE 窗口的"工具"→"引用"弹出"引用"对话框，选中"Microsoft ActiveX Data Objects 2.1Library"项的复选框，然后单击"确定"。

（5）单击 Command1 按钮编写代码如图 8-20 所示。

（6）单击"保存"，关闭 VBE 窗口，保存窗体为"图书折旧"窗体，单击窗体视图测试"折旧"按钮的效果。

图 8-20 "图书折旧"窗体 VBE 窗口

八、能力测试

（1）建立一个窗体，上面有一个文本框和一个标题是"打印素数" 的按钮，单击该按钮在文本框中显示出 1~100 之间的所有素数。

（2）为学生选课系统.accdb 数据库中的"课程表"窗体编写 VBA 编码，要求窗体上有一保存按钮，当单击"保存记录"按钮后，将用户输入的信息保存到"课程表"中。

第九章　数据库管理

第一部分　理　论　题

一、填空题

1．Access 2010 提供了两种保证数据库可靠的途径，一是＿＿＿＿＿＿＿＿，二是＿＿＿＿＿＿＿。

2．在 Access 2010 中，＿＿＿＿＿＿操作可以降低数据库的存储需求。

3．修复一个数据库时，首先要求其他用户关闭这个数据库，然后以＿＿＿＿＿＿身份打开数据库。

4．将数据库文件转换成一个＿＿＿＿＿＿文件可以优化内存。

5．撤销数据库密码时，必须先以＿＿＿＿方式打开数据库，而后进行设置。

6．使用＿＿＿＿＿＿可以为 Access 创建或更改受信任位置并设置安全选项。

7．如果信任中心将数据库评估为不受信任，则 Access 将在＿＿＿＿＿＿下打开该数据库。

8．＿＿＿＿＿＿是为了保证分发数据库是安全性。

9．Access 2010 提供了＿＿＿＿＿＿＿帮助用户设计具有较高整体性能的数据库。

10．对于新的文件格式（.accdb 或.accde 文件），Access 2010 不提供 ＿＿＿＿＿＿＿机制。

二、选择题

1．在建立、删除用户和更改用户权限时，一定先使用 ＿＿＿＿＿＿账户进入数据库。
　　A．管理员　　　　　　　　　　　　B．普通账号
　　C．具有读写权控制的账号　　　　　D．没有限制

2．在更改数据库密码前，一定先要 ＿＿＿＿＿＿。
　　A．直接修改　　　　　　　　　　　B．输入原来的密码
　　C．直接输入新密码　　　　　　　　D．同时输入原来的密码和新密码

3．在建立数据库安全机制后，进入数据库要依据建立的＿＿＿＿＿＿。
　　A．权限　　　　B．组的安全　　　　C．账号的 PID　　　D．安全机制

4．在对数据库进行打包并签名，用于存储数据库的格式是＿＿＿＿＿＿。
　　A．accdc　　　　B．accdb　　　　C．accdt　　　　D．accde

5．在 Access 2010 中，默认打开数据库对象的文件类型是＿＿＿＿＿＿。

A．accdb　　　　B．dbf　　　　　C．accdc　　　　　D．mdb

6．对数据库进行加密是使用＿＿＿＿＿方式打开数据库。

A．只读　　　　B．独占　　　　　C．只读独占　　　　D．默认

7．下列哪项不属于 Access 2010 数据库的安全机制＿＿＿＿＿＿。

A．信任中心　　B．打包签署　　　C．加密　　　　　D．复制副本

8．在 Access 2010 常规设置里，下面哪项不是空白数据库默认的文件格式 ＿＿＿＿＿。

A．Access 2000　　　　　　　　B．Access 2000-2003

C．Access 2007　　　　　　　　D．Access 2010

第二部分　实　验　题

一、实验目的

理解数据库管理有哪些内容，能够完成以下对数据库的操作。

（1）备份和恢复。

（2）数据库设置和撤销密码。

（3）信任位置的设置。

（4）数据库的打包签名。

二、实验 9-1

备份一份"图书管理系统"数据库，根据备份文件"图书管理系统_2013-07-12.accdb"，恢复数据库。

【操作步骤】

（1）打开"图书管理系统"数据库，"文件"|"保存并发布"。

（2）在"数据库另存为"区域中的"高级"下，双击"备份数据库"，Access 2010 会自动将用户备份时间作为备份文件名的一部分。

（3）直接把备份后的数据库改名后，替换原数据库。

三、实验 9-2

为"图书管理系统"数据库设置密码"123456"。

【操作步骤】

（1）以独占方式打开"图书管理系统"数据库。

（2）单击"文件"|"信息"|"用密码进行加密"，弹出如图 9-1 所示的对话框，输入密码"123456"，在验证信息中重复输入"123456"。

图 9-1 【设置数据库密码】对话框

（3）重新打开"图书管理系统"数据库，弹出"要求输入密码"对话框，输入正确密码后，才能打开数据库。否则会弹出警告对话框，单击"确定"按钮，重新输入密码。

四、实验 9-3

撤销"图书管理系统"数据库的密码。

【操作步骤】

（1）以独占方式打开"图书管理系统"数据库。

（2）单击"文件"|"信息"|"解密数据库"，弹出"撤销数据库密码"对话框，输入先前所设置的密码，单击"确定"按钮。

提示：密码区分大小写，在设置密码之前，最好先备份数据库，同时密码可随时修改和撤销。

五、实验 9-4

创建一个新的受信任位置，该位置为"图书管理系统"数据库所在的位置。

【操作步骤】

（1）在"文件"选项卡上，单击"选项"，此时显示"Access 选项"对话框。

（2）在"Access 选项"对话框左侧窗格，单击"信任中心"，然后在"Microsoft Access 信任中心"下，单击"信任中心设置"，如图 9-2 所示。

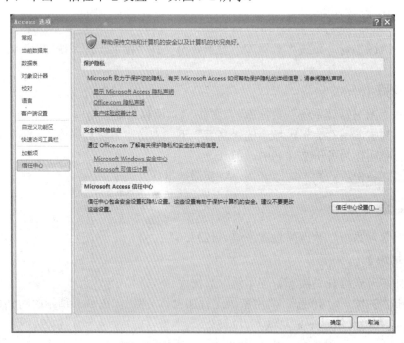

图 9-2　信任中心

（3）在打开的"信任中心"对话框中，单击"受信任位置"，如图 9-3 所示。

（4）创建新的受信任位置。用户如果需要创建新的受信任位置，请单击"添加新位置"，在"Microsoft Office 受信任位置"对话框中，添加新的路径，将数据库放在该受信任位置，点击"浏览"选择"受信任位置"的路径，如图 9-4 所示。

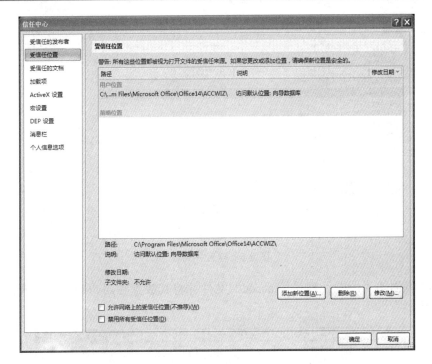

图 9-3 "信任中心"对话框

图 9-4 "Microsoft Office 受信任位置"对话框

六、实验 9-5

为"图书管理系统"数据库打包签名。

【操作步骤】

（1）打开要打包和签名的数据库"图书管理系统"。

（2）在"文件"选项卡上，单击"保存并发布"，然后在"高级"下双击"打包并签署"，如图 9-5 所示。

（3）将出现"选择证书"对话框或者出现"创建 Microsoft Access 签名包"对话框。

① 出现"选择证书"对话框，选择数字证书然后单击"确定"按钮。

② 出现"创建 Microsoft Access 签名包"对话框。

a. 在"保存位置"列表中，为签名的数据库包选择一个位置。

b. 在"文件名"框中为签名包输入名称，然后单击"创建"。

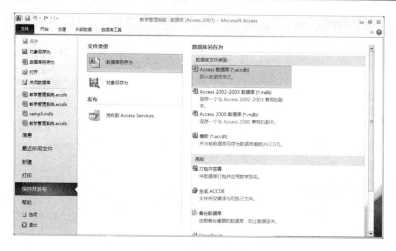

图 9-5　打包并签署

Access 将创建"图书管理系统.accdc"文件并将其放置在用户选择的位置，如图 9-6 所示。

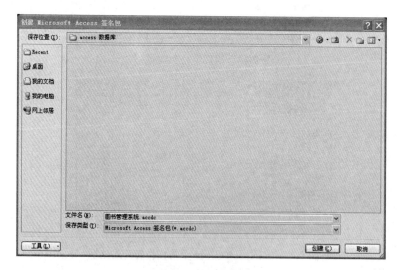

图 9-6　创建签名包

七、能力测试

为"学生选课系统"数据库做如下操作。

（1）设置密码。

（2）为该数据库打包签名。

理论题答案

第一章 数据库技术基础

一、填空题

1. 一对一、一对多、多对多
2. 概念、结构
3. 层次模型、网状模型、关系模型、面向对象模型、关系模型
4. 数据库、DBMS
5. 属性、元组、关系
6. 实体完整性、参照完整性、用户自定义的完整性
7. 分解
8. 关系数据结构、关系操作、完整性约束
9. 域
10. 表、查询、窗体、报表、宏、模块
11. 表生成器、查询生成器、窗体生成器、表达式生成器
12. 数据库向导、表向导、查询向导、窗体向导、报表向导
13. 共享问题
14. 表
15. Accdb
16. 查询
17. 窗体
18. 数据库
19. 报表
20. 概念模型

二、选择题

1. B
2. B
3. A
4. D
5. D
6. B
7. D
8. B
9. C
10. B
11. C
12. C
13. A
14. A
15. D
16. A
17. D
18. B
19. D
20. A

第二章　数据库和表

一、填空题

1. 主键	2. 一对一、一对多、多对多
3. 获取外部数据、导入并链接	4. Shift
5. 文本、备注	6. 排列顺序
7. 主键	8. 主键关系
9. 取消重复列	10. UNC 路径、URL
11. 文本	12. 文本
13. 主表、子表	14. 自动编号
15. 筛选	16. 自动编号主键、单字段主键、多字段主键
17. 输入法模式	18. 字节型、双精度型
19. 日期/时间	20. 数据表视图、设计视图

二、选择题

1. A	2. D
3. A	4. C
5. D	6. B
7. C	8. B
9. D	10. A
11. D	12. B
13. D	14. A
15. C	16. D
17. B	18. B
19. D	20. A

第三章　查　　询

一、填空题

1. 生成表查询	2. 检索
3. 追加查询	4. 表格
5. 计算	6. 删除
7. 日期	8. &
9. 3	10. 定位

二、选择题

1. C	2. C
3. A	4. D

5. D　　　　　　　　　　6. B

7. D　　　　　　　　　　8. C

9. B　　　　　　　　　　10. A

11. B　　　　　　　　　　12. D

13. B　　　　　　　　　　14. B

15. D　　　　　　　　　　16. B

17. A　　　　　　　　　　18. A

19. C　　　　　　　　　　20. C

第四章　结构化查询语言 SQL

一、填空题

1. NULL

2. 借书证号，HAVING

3. INTO，VALUES

4. UPDATE,WHERE

5. 内部连接

6. 单价 BETWEEN 15 AND 25 或单价 =>15 and 单价=<25，分类号 ASC 或分类号

7. SELECT * FROM R UNION SELECT * FROM T

8. IS NULL，IS NOT NULL

9. DISTINCT

10. DELETE

11. INSERT INTO R VALUES(25,"李明 ","男",21,"95031")

12. INSERT INTO R(NO,NAME,CLASS) VALUES(30,"郑和","95031")

13. UPD ATE R SET NAME="王华" WHERE NO=10

14. UPDATE R SET CLASS="95101" WHERE CLASS="96101"

15. DELETE FROM R WHERE NO=20

16. CREATE TABLE 借阅 (借书证号 TEXT(4),总编号 TEXT(6),借书日期 DATE)

17. SELECT * FROM 图书

18. IN (SELECT 总编号 FROM 借阅)

19. COUNT(DISTINCT 总编号)

20. SET 单价=单价*1.1

21. OR 出版单位="电子工业出版社" ORDER BY 出版单位 DESC

22. 选择操作

23. 借书证号，HAVING

24. 1.COUNT(*),AVG(单价) 2.GROUP BY

25. GROUP BY，HAVING COUNT(*)>1

26. 书名 LIKE "Internet*"

27. DELETE，UPDATE

28. SUM(工资)

29. SET AGE=AGE+1

30. GROUP BY 课程号

31. AND,IN

32. ON

33. UPDATE,SET

34. DISTINCT

35. PRIMARY KEY

36. HAVING

37. ORDER BY

38. 数据查询

39. SUM(工资)

40. INSERT INTO

41. 结构化查询语言

42. 数据控制

43. 嵌入程序

44. ALTER

45. SUM

46. AVG

47．MIN
48．MAX
49．BETWEEN
50．AND
51．UNION
52．ALL

二、选择题

1．A	16．B	31．A	46．A	61．A
2．C	17．B	32．A	47．D	62．D
3．D	18．C	33．B	48．B	63．D
4．C	19．B	34．B	49．C	64．C
5．A	20．B	35．B	50．B	65．A
6．C	21．B	36．A	51．C	66．D
7．B	22．A	37．D	52．B	67．D
8．A	23．B	38．B	53．C	68．D
9．C	24．B	39．D	54．B	69．D
10．A	25．A	40．A	55．C	70．B
11．D	26．B	41．C	56．C	71．A
12．B	27．A	42．C	57．B	72．B
13．C	28．B	43．B	58．D	73．D
14．A	29．D	44．A	59．B	74．A
15．D	30．B	45．A	60．C	

第五章　窗体设计和使用

一、填空题

1．表，查询，SQL 语句
2．名称
3．节
4．数据源
5．表
6．自动创建窗体，窗体向导
7．编辑，显示
8．打印的窗体
9．数据，格式
10．数据表窗体

二、选择题

1．A	2．A
3．A	4．A
5．C	6．B
7．D	8．C
9．D	10．D
11．B	12．B
13．A	14．A
15．A	16．D
17．C	18．C
19．D	20．A

第六章　报表设计

一、填空题

1. 报表页脚
2. 报表视图、打印视图、布局视图、设计视图
3. 分组
4. 表　查询
5. 10
6. 升序　降序
7. 控件来源
8. =Min([英语])
9. 组页眉、组页脚
10. 表格式
11. 表　查询
12. 表
13. 分组　排序
14. 标签
15. 页面设置
16. 主体
17. 分组　计算　汇总
18. 编辑修改
19. 对齐控件
20. 报表页眉

二、选择题

1. B
2. D
3. A
4. B
5. A
6. B
7. C
8. D
9. B
10. C
11. D
12. D
13. C
14. A
15. D
16. A
17. A
18. A
19. B
20. A

第七章　宏

一、填空题

1. OpenTable
2. OpenQuery
3. OpenTable OpenForm
4. Forms!窗体名! 控件名 Reports!报表名! 控件名
5. ISNull([姓名])
6. [发货日期] Between #2-2-2004# and #2-5-2004#
7. MaximizeWindow MinimizeWindow
8. Beep
9. 关闭窗体
10. 一个　多个
11. 自动
12. 宏的设计环境
13. 命名
14. 条件宏
15. 退出 Access
16. 宏

17. VBA 事件

18. AutoExec

19. 真 假

20. 顺序

二、选择题

1. A
2. B
3. C
4. A
5. B
6. C
7. B
8. A
9. D
10. C
11. B
12. A
13. B
14. B
15. C
16. C
17. D
18. B
19. A
20. B

第八章 模块与 VBA 编程基础

一、填空题

1. 选择结构、循环结构
2. 数组
3. 全局、模块、局部
4. 生命周期，作用范围
5. 类模块，标准模块
6. 报表，类
7. 4
8. 系统，用户
9. Change
10. !,.
11. 全局
12. 3，60
13. 日期
14. 赋值
15. UnLoad
16. IIf
17. 4
18. Int(rnd*11)+11
19. Text
20. 将两个字符串连接起来

二、选择题

1. A
2. D
3. B
4. B
5. B
6. A
7. A
8. B
9. C
10. A
11. C
12. C
13. C
14. C
15. A
16. D
17. A
18. B
19. A
20. C

第九章　数据库管理

一、填空题

1. 建立备份、自动恢复
2. 压缩
3. 管理员
4. Accde
5. 独占
6. 信任中心
7. 禁用模式
8. 签名
9. 性能优化分析器
10. 用户级安全

二、选择题

1. A
2. D
3. A
4. A
5. A
6. B
7. D
8. D

附录一 二级 Access 考试大纲

二级公共基础知识考试大纲（2013 版）

一、基本要求

（1）掌握算法的基本概念。

（2）掌握基本数据结构及其操作。

（3）掌握基本排序和查找算法。

（4）掌握逐步求精的结构化程序设计方法。

（5）掌握软件工程的基本方法，具有初步应用相关技术进行软件开发的能力。

（6）掌握数据库的基本知识，了解关系数据库的设计。

二、考试内容

1．基本数据结构与算法

（1）算法的基本概念；算法复杂度的概念和意义（时间复杂度与空间复杂度）。

（2）数据结构的定义；数据的逻辑结构与存储结构；数据结构的图形表示；线性结构与非线性结构的概念。

（3）线性表的定义；线性表的顺序存储结构及其插入与删除运算。

（4）栈和队列的定义；栈和队列的顺序存储结构及其基本运算。

（5）线性单链表、双向链表与循环链表的结构及其基本运算。

（6）树的基本概念；二叉树的定义及其存储结构；二叉树的前序、中序和后序遍历。

（7）顺序查找与二分法查找算法；基本排序算法（交换类排序, 选择类排序, 插入类排序）。

2．程序设计基础

（1）程序设计方法与风格。

（2）结构化程序设计。

（3）面向对象的程序设计方法, 对象, 方法, 属性及继承与多态性。

3．软件工程基础

（1）软件工程基本概念, 软件生命周期概念, 软件工具与软件开发环境。

（2）结构化分析方法, 数据流图, 数据字典, 软件需求规格说明书。

（3）结构化设计方法, 总体设计与详细设计。

（4）软件测试的方法,白盒测试与黑盒测试,测试用例设计,软件测试的实施,单元测试、集成测试和系统测试。

（5）程序的调试,静态调试与动态调试。

4. 数据库设计基础

（1）数据库的基本概念：数据库,数据库管理系统,数据库系统。

（2）数据模型,实体联系模型及 E-R 图,从 E-R 图导出关系数据模型。

（3）关系代数运算,包括集合运算及选择、投影、连接运算,数据库规范化理论。

（4）数据库设计方法和步骤:需求分析、概念设计、逻辑设计和物理设计的相关策略。

三、考试方式

（1）公共基础知识不单独考试,与其他二级科目组合在一起,作为二级科目考核内容的一部分。

（2）考试方式为上机考试, 10 道选择题,占 10 分。

 二级 Access 数据库程序设计考试大纲（2013 版）

一、基本要求

（1）具有数据库系统的基础知识。

（2）基本了解面向对象的概念。

（3）掌握关系数据库的基本原理。

（4）掌握数据库程序设计方法。

（5）能使用 Access 建立一个小型数据库应用系统。

二、考试内容

1. 数据库基础知识

（1）基本概念。

数据库,数据模型,数据库管理系统,类和对象,事件。

（2）关系数据库基本概念。

关系模型（实体的完整性,参照的完整性,用户定义的完整性）,关系模式,关系,元组,属性,字段,域,值,主关键字等。

（3）关系运算基本概念。

选择运算,投影运算,连接运算。

（4）SQL 基本命令。

查询命令,操作命令。

（5）Access 系统简介。

① Access 系统的基本特点。

② 基本对象：表,查询,窗体,报表,页,宏,模块。

2. 数据库和表的基本操作

（1）创建数据库。

① 创建空数据库。

② 使用向导创建数据库。

（2）表的建立。

① 建立表结构.使用向导，使用表设计器，使用数据表。

② 设置字段属性。

③ 输入数据.直接输入数据，获取外部数据。

（3）表间关系的建立与修改。

① 表间关系的概念：一对一，一对多。

② 建立表间关系。

③ 设置参照完整性。

（4）表的维护。

① 修改表结构：添加字段，修改字段，删除字段，重新设置主关键字。

② 编辑表内容：添加记录，修改记录，删除记录，复制记录。

③ 调整表外观。

（5）表的其他操作。

① 查找数据。

② 替换数据。

③ 排序记录。

④ 筛选记录。

3．查询的基本操作

（1）查询分类。

① 选择查询。

② 参数查询。

③ 交叉表查询。

④ 操作查询。

⑤ SQL 查询

（2）查询准则。

① 运算符。

② 函数。

③ 表达式。

（3）创建查询。

① 使用向导创建查询。

② 使用设计器创建查询。

③ 在查询中计算。

（4）操作已创建的查询。

① 运行已创建查询。

② 编辑查询中的字段。

③ 编辑查询中的数据源。

④ 排序查询的结果。

4．窗体的基本操作

（1）窗体分类。

① 纵栏式窗体。

② 表格式窗体。

③ 主/子窗体。

④ 数据表窗体。

⑤ 图表窗体。

⑥ 数据透视表窗体。

（2）创建窗体。

① 使用向导创建窗体。

② 使用设计器创建窗体：控件的含义及种类，在窗体中添加和修改控件，设置控件的常见属性。

5．报表的基本操作

（1）报表分类。

① 纵栏式报表。

② 表格式报表。

③ 图表报表。

④ 标签报表。

（2）使用向导创建报表。

（3）使用设计器编辑报表。

（4）在报表中计算和汇总。

6．页的基本操作

（1）数据访问页的概念。

（2）创建数据访问页。

① 自动创建数据访问页。

② 使用向导数据访问页。

7．宏

（1）宏的基本概念。

（2）宏的基本操作。

① 创建宏：创建一个宏，创建宏组。

② 运行宏。

③ 在宏中使用条件。

④ 设置宏操作参数。

⑤ 常用的宏操作。

8．模块

（1）模块的基本概念。

① 类模块。

② 标准模块。

③ 将宏转换为模块。

（2）创建模块。

① 创建 VBA 模块：在模块中加入过程，在模块中执行宏。

② 编写事件过程：键盘事件，鼠标事件，窗口事件，操作事件和其他事件。

（3）调用和参数传递。

（4）VBA 程序设计基础。

① 面向对象程序设计的基本概念。

② VBA 编程环境：进入 VBE，VBE 界面。

③ VBA 编程基础：常量，变量，表达式。

④ VBA 程序流程控制：顺序控制，选择控制，循环控制。

⑤ VBA 程序的调试，设置断点，单步跟踪，设置监视点。

三、考试方式

上机考试，考试时长 120 分钟，满分 100 分。

1．题型及分值

单项选择题 40 分（含公共基础知识部分 10 分）、操作题 60 分（包括基本操作题、简单应用题及综合应用题）。

2．考试环境：Microsoft Office Access 2010

附录二 全真模拟单选题

全真模拟单选题（一）

一、选择题

在下列各题的 A、B、C、D 四个选项中，只有一个选项是正确的，请将正确的选项涂写在答题卡相应位置上，答在试卷上不得分。

（1）下列叙述中正确的是_____ 。

　　A. 线性表是线性结构

　　B. 栈与队列是非线性结构

　　C. 线性链表是非线性结构

　　D. 二叉树是线性结构

（2）算法的空间复杂度是指_____。

　　A. 算法程序的长度

　　B. 算法程序中的指令条数

　　C. 算法程序所占的存储空间

　　D. 算法执行过程中所需要的存储空间

（3）软件设计包括软件的结构、数据、接口和过程设计，其中软件的过程设计是指____。

　　A. 模块间的关系

　　B. 系统结构部件转换成软件的过程描述

　　C. 软件层次结构

　　D. 软件开发过程

（4）软件调试的目的是_____。

　　A. 发现错误　　　　　　　　　　B. 改正错误

　　C. 改善软件的性能　　　　　　　D. 挖掘软件的潜能

（5）软件需求分析阶段的工作，可以分为四个方面：需求获取、需求分析、编写需求规格说明书以及_____。

　　A. 阶段性报告　　　　　　　　　B. 需求评审

　　C. 总结　　　　　　　　　　　　D. 都不正确

（6）程序流程图（PFD）中的箭头代表的是_____。

A. 数据流   B. 控制流

C. 调用关系   D. 组成关系

（7）下述关于数据库系统的叙述中正确的是_____。

    A. 数据库系统减少了数据冗余

    B. 数据库系统避免了一切冗余

    C. 数据库系统中数据的一致性是指数据类型的一致

    D. 数据库系统比文件系统能管理更多的数据

（8）将 E-R 图转换到关系模式时，实体与联系都可以表示成_____。

    A. 属性   B. 关系

    C. 键   D. 域

（9）关系数据库的任何检索操作都是由三种基本运算组合而成的，这三种基本运算不包括_____。

    A. 连接   B. 比较

    C. 选择   D. 投影

（10）结构化程序设计的 3 种结构是_____。

    A. 顺序结构、选择结构、转移结构

    B. 分支结构、等价结构、循环结构

    C. 多分支结构、赋值结构、等价结构

    D. 顺序结构、选择结构、循环结构

（11）要求主表中没有相关记录时就不能将记录添加到相关表中，则应该在表关系中设置_____。

    A. 参照完整性   B. 有效性规则

    C. 输入掩码   D. 级联更新相关字段

（12）在超市营业过程中，每个时段要安排一个班组上岗值班，每个收款口要配备两名收款员配合工作，共同使用一套收款设备为顾客服务。在数据库中，实体之间属于一对一关系的是_____。

    A. "顾客"与"收款口"的关系

    B. "收款口"与"收款员"的关系

    C. "班组"与"收款员"的关系

    D. "收款口"与"设备"的关系

（13）在 Access 表中，可以定义 3 种主关键字，它们是_____。

    A. 单字段、双字段和多字段

    B. 单字段、双字段和自动编号

    C. 单字段、多字段和自动编号

    D. 双字段、多字段和自动编号

（14）数据类型是_____。

    A. 字段的另一种说法

    B. 决定字段能包含哪类数据的设置

    C. 一类数据库应用程序

    D. 一类用来描述 Access 表向导允许从中选择的字段名称

（15）能够使用"输入掩码向导"创建输入掩码的字段类型是_____。

      A．数字和日期/时间

      B．文本和货币

      C．文本和日期/时间

      D．数字和文本

（16）条件"Not 工资额＞2000"的含义是_____。

      A．选择工资额大于 2000 的记录

      B．选择工资额小于 2000 的记录

      C．选择除了工资额大于 2000 之外的记录

      D．选择除了字段工资额之外的字段，且大于 2000 的记录

（17）下图是使用查询设计器完成的查询，与该查询等价的 SQL 语句是_____。

      A．select 学号,数学 from sc where 数学＞(select avg(数学) from sc)

      B．select 学号 where 数学＞(select avg(数学) from sc)

      C．select 数学 avg(数学) from sc

      D．select 数学＞(select avg(数学) from sc)

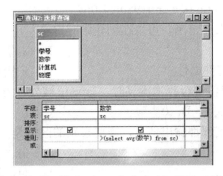

（18）在 Access 中已建立了"工资"表，表中包括"职工号"、"所在单位"、"基本工资"和"应发工资"等字段，如果要按单位统计应发工资总数，那么在查询设计视图的"所在单位"的"总计"行和"应发工资"的"总计"行中分别选择的是_____。

      A．sum，group by   B．count，group by

      C．group by，sum   D．group by，count

（19）VBA 程序的多条语句可以写在一行中，其分隔符必须使用符号_____。

      A．:   B．'   C．;   D．,

（20）窗体上添加有 3 个命令按钮，分别命名为 Command1、Command2 和 Command3。编写 Command1 的单击事件过程,完成的功能为:当单击按钮 Command1 时,按钮 Command2 可用,按钮 Command3 不可见。以下正确的是_____。

      A．Private Sub Command1_Click()

      Command2.Visible=True

      Command3.Visible=False

      End Sub

      B．Private Sub Command1_Click()

      Command2.Enabled=True

      Command3.Enabled=False

      End Sub

    C．Private Sub Command1_Click()

        Command2.Enabled=True

        Command3.Visible=False

        End Sub

    D．Private Sub Command1_Click()

        Command2.Visible=True

        Command3.Enabled=False

        End Sub

（21）建立一个基于"学生"表的查询，要查找"出生日期"（数据类型为日期/时间型）在 1980-06-06 和 1980-07-06 间的学生，在"出生日期"对应列的"条件"行中应输入的表达式是＿＿＿＿＿。

    A．between 1980-06-06 and 1980-07-06

    B．between #1980-06-06# and #1980-07-06#

    C．between 1980-06-06 or 1980-07-06

    D．between #1980-06-06# or #1980-07-06#

（22）要限制宏操作的操作范围，可以在创建宏时定义＿＿＿＿＿。

    A．宏操作对象   B．宏条件表达式

    C．窗体或报表控件属性   D．宏操作目标

（23）使用 VBA 的逻辑值进行算术运算时，True 值被处理为＿＿＿＿＿。

    A．–1   B．0   C．1   D．任意值

（24）在报表每一页的底部都输出信息，需要设置的区域是＿＿＿＿＿。

    A．报表页眉   B．报表页脚

    C．页面页眉   D．页面页脚

（25）在报表中，要计算"数学"字段的最高分，应将控件的"控件来源"属性设置为＿＿＿＿＿。

    A．=Max([数学])   B．Max(数学)

    C．=Max[数学]   D．=Max(数学)

（26）在窗体上添加一个命令按钮（名为 Command1）和一个文本框（名为 Text1），并在命令按钮中编写如下事件代码：

```
Private Sub Command1_Click()
m=2.17
n=Len(Str$(m)+Space(5))
Me!Text1=n
End Sub
```

打开窗体运行后，单击命令按钮，在文本框中显示＿＿＿＿＿。

    A．5   B．8   C．9   D．10

（27）VBA 中去除前后空格的函数是＿＿＿＿＿。

    A．LTrim   B．Rtrim   C．Trim   D．Ucase

（28）执行下面的程序段后，x 的值为＿＿＿＿＿。

```
x = 5
For I = 1 To 20 Step 2
```

x = x + I \ 5

Next I

  A．21   B．22   C．23   D．24

（29）VBA 中定义符号常量可以用关键字_____。

  A．Const   B．Dim

  C．Public   D．Static

（30）下列程序段的功能是实现"学生"表中"年龄"字段值加 1：

Dim Str As String

Str="_____"

Docmd.RunSQL Str

空白处应填入的程序代码是_____。

  A．年龄=年龄+1

  B．Update 学生 Set 年龄=年龄+1

  C．Set 年龄=年龄+1

  D．Edit 学生 Set 年龄=年龄+1

（31）在窗体中添加一个名称为 Command1 的命令按钮，然后编写如下程序：

Public x As Integer

Private Sub Command1_Click()

x=10

Call s1

Call s2

MsgBox x

End Sub

Private Sub s1()

x=x+20

End Sub

Private Sub s2()

Dim x As Integer

x=x+20

End Sub

窗体打开运行后，单击命令按钮，则消息框的输出结果为_____。

  A．10   B．30   C．40   D．50

（32）下列过程的功能是：通过对象变量返回当前窗体的 Recordset 属性记录集引用，消息框中输出记录集的记录（即窗体记录源）个数。

Sub GetRecNum()

Dim rs As Object

Set rs = Me.Recordset

MsgBox _____

End Sub

程序空白处应填写的是_____。

  A．Count   B．rs.Count

C. RecordCount   D. rs.RecordCount

（33）在窗体中添加一个名称为 Command1 的命令按钮，然后编写如下事件代码：

```
Private Sub Command1_Click()
Dim a(10,10)
For m=2 To 4
For n=4 To 5
a(m,n)=m*n
Next n
Next m
MsgBox a(2,5)+a(3,4)+a(4,5)
End Sub
```

窗体打开运行后，单击命令按钮，则消息框的输出结果是_____。

A. 22   B. 32   C. 42   D. 52

（34）设有如下程序：

```
Private Sub Command1_Click( )
Dim sum As Double, x As Double
sum = 0
n = 0
For i=1 To 5
x = n / i
n = n + 1
sum = sum + x
Next i
End Sub
```

该程序通过 For 循环来计算一个表达式的值，这个表达式是_____。

A. 1+1/2+2/3+3/4+4/5

B. 1+1/2+1/3+1/4+1/5

C. 1/2+2/3+3/4+4/5

D. 1/2+1/3+1/4+1/5

（35）在窗体中使用一个文本框（名为 n）接受输入的值，有一个命令按钮 run，事件代码如下：

```
Private Sub run_Click( )
result = ""
For i= 1 To Me!n
For j = 1 To Me!n
result = result + "*"
Next j
result = result + Chr(13) + Chr(10)
Next i
MsgBox result
End Sub
```

打开窗体后，如果通过文本框输入的值为 4，单击命令按钮后输出的图形是_____。

A. ＊＊＊＊
  　＊＊＊＊
  　＊＊＊＊
  　＊＊＊＊

B. ＊
  　＊＊＊
  　＊＊＊＊＊
  　＊＊＊＊＊＊＊

C. ＊＊＊＊
  　＊＊＊＊＊＊
  　＊＊＊＊＊＊＊＊
  　＊＊＊＊＊＊＊＊＊＊

D. ＊＊＊＊
  　＊＊＊＊
  　＊＊＊＊
  　＊＊＊＊

（36）在"窗体视图"显示窗体时，要求在单击命令按钮后标签上显示的文字颜色变为红色，以下能实现该操作的语句是_____。

A. Label1.ForeColor＝255

B. bChange.ForeColor＝255

C. Label1.BackColor＝"255"

D. bChange.BackColor＝"255"

（37）下图为新建的一个宏组，以下描述错误的是_____。

A. 该宏组由 Macro1 和 Macro2 两个宏组成

B. 宏 Macor1 由两个操作步骤（打开窗体、关闭窗体）组成

C. 宏 Macro1 中 OpenForm 命令打开的是教师自然情况窗体

D. 宏 Macro2 中 Close 命令关闭了教师自然情况和教师工资两个窗体

（38）下图所示的数据模型属于_____。

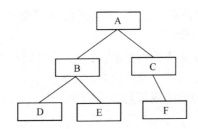

A. 关系模型 　　　　　　　　　　　　　B. 层次模型

C. 网状模型 　　　　　　　　　　　　　D. 以上皆非

（39）执行语句 MsgBox"AAAA"，vbOKCancel＋vbQuestion，"BBBB"之后，弹出的信息框外观样式是_____。

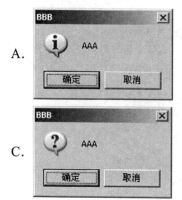

（40）下面程序：

```
Private Sub Form_Click()
Dim x，y，z As Integer
x＝5
y＝7
z＝0
Call P1(x，y，z)
Print Str(z)
End Sub
Sub P1(ByVal a As Integer, ByVal b As Integer, c As integer)
c＝a＋b
End Sub
```

运行后的输出结果为_____。

A. 0 　　　　　　　　　　　　　　　　B. 12

C. Str(z) 　　　　　　　　　　　　　　D. 显示错误信息

参考答案及分析

一、选择题

（1）A

【解析】根据数据结构中各数据元素之间前后间关系的复杂程度，一般将数据结构分为两大类型：线性结构与非线性结构。

如果一个非空的数据结构满足下列两个条件：① 有且只有一个根结点；② 每一个结点最多有一个前件，也最多有一个后件。则称该数据结构为线性结构，又称线性表。

所以线性表、栈与队列、线性链表都是线性结构，而二叉树是非线性结构。

（2）D

【解析】一个算法的空间复杂度，一般是指执行这个算法所需的内存空间。一个算法所占用的存储空间包括算法程序所占的空间、输入的初始数据所占的存储空间以及算法执行过程中所需要的额外空间。

（3）B

【解析】软件设计包括软件结构设计、数据设计、接口设计和过程设计。其中结构设计是定义软件系统各主要部件之间的关系；数据设计是将分析时创建的模型转化为数据结构的定义；接口设计是描述软件内部、软件和操作系统之间及软件与人之间如何通信；过程设计则是把系统结构部件转换成软件的过程描述。

（4）B

【解析】在对程序进行了成功的测试之后将进入程序调试。由程序调试的概念可知：程序调试活动由两部分组成，其一，根据错误的迹象确定程序中错误的确切性质、原因和位置，其二，对程序进行修改，排除这个错误。它与软件测试不同，软件测试是尽可能多地发现软件中的错误，先要发现软件的错误，然后借助一定的调试工具去找出软件错误的位置。由此可知，软件调试的目的是改正错误。

（5）B

【解析】软件需求分析阶段的工作，可以概括为四个方面：需求获取、需求分析、编写需求规格说明书和需求评审。

需求获取的目的是确定对目标系统的各方面需求。涉及的主要任务是建立获取用户需求的方法框架，并支持和监控需求获取的过程。

需求分析是对获取的需求进行分析和综合，最终给出系统的解决方案和目标系统的逻辑模型。

编写需求规格说明书作为需求分析的阶段成果，可以为用户、分析人员和设计人员之间的交流提供方便，可以直接支持目标软件系统的确认，又可以作为控制软件开发进程的依据。

需求评审是对需求分析阶段的工作进行复审，验证需求文档的一致性、可行性、完整性和有效性。

（6）B

【解析】程序流程图(PFD)是一种传统的、应用广泛的软件过程设计表示工具，通常也称为程序框图，其箭头代表的是控制流。

（7）A

【解析】由于数据的集成性使得数据可为多个应用所共享，特别是在网络发达的今天，数据库与网络的结合扩大了数据关系的应用范围。数据的共享自身又可极大地减少数据冗余性，不仅减少了不必要的存储空间，更为重要的是可以避免数据的不一致性。所谓数据的一致性是指在系统中同一数据的不同出现应保持相同的值，而数据的不一致性指的是同一个数据在系统的不同副本处有不同的值。

（8）B

【解析】关系模型的逻辑结构是一组关系模式的集合。而 E-R 图则是由实体、实体的属性和实体之间的联系 3 个要素组成的。所以将 E-R 图转换为关系模型实际上就是要将实体、实体的属性和实体之间的联系转化为关系。

（9）B

【解析】查询过程的查询表达式用到的关系运算有：选择、投影、连接。

选择：从关系模式中找出满足给定条件的元组的操作称为选择。

投影：从关系模式中指定若干个属性组成新的关系称为投影。

连接：将两个关系模式拼接成一个更宽的关系模式，生成的新关系中包含满足条件的元组。

（10）D

【解析】顺序结构、选择结构和循环结构（或重复结构）是结构化程序设计的 3 种基本结构。

（11）A

【解析】参照完整性是在输入或删除记录时，为维持表之间已定义的关系而必须遵循的规则。如果设置了参照完整性，那么当主表中没有相关记录时，就不能将记录添加到相关表中，也不能在相关表中存在匹配的记录时删除主表中的记录，更不能在相关表中有相关记录时，更改主表中的主关键字值。所以本题答案为 A。

（12）D

【解析】一对一关系表现为主表中的每一条记录只与相关表中的一条记录相关联。一个收款口只有一套收款设备，一套收款设备只服务一个收款口，因此"收款口"与"设备"之间是一对一关系。所以本题答案为 D。

（13）C

【解析】为了使保存在不同表中的数据产生联系，Access 数据库中的每个表必须至少有一个字段能唯一标识每条记录，这个字段就是主关键字。主关键字可以是一个字段，也可以是一组字段。为确保主关键字段值的唯一性，Access 不允许在主关键字字段中存入重复值和空值。自动编号字段是在每次向表中添加新记录时，Access 会自动插入唯一顺序号。库中若未设置其他主关键字，在保存表时会提示创建主键，单击"是"按钮，Access 为新建的表创建一个"自动编号"字段作为主关键字。所以本题答案为 C。

（14）B

【解析】Access 常用的数据类型有：文本、备注、数字、日期/时间、货币、自动编号、是/否、OLE 对象、超级链接、查阅向导等。不同的数据类型决定了字段能包含哪类数据。所以本题答案为 B。

（15）C

【解析】输入掩码只为"文本"和"日期/时间"型字段提供向导，其他类型没有向导帮助。另外，如果为某字段定义了输入掩码，同时又设置了它的格式属性，格式属性将在数据显示时优先于输入掩码的设置。所以本题答案为 C。

（16）C

【解析】逻辑运算符 Not：当 Not 连接的表达式为真时，整个表达式为假。由于关系运算符的优先级大于逻辑运算符，所以条件"Not 工资额>2000"的功能是查询工资额不大于 2000 的记录，即工资额小于等于 2000 的记录，也就是除了工资额大于 2000 以外的记录。所以本题答案为 C。

（17）A

【解析】由题目中的图片可以得出：查询条件的是"数学成绩大于数学平均分"，需要显示的字段是"学号"和"数学"，SQL 语句中也应包含这些数据。所以本题答案为 A。

（18）C

【解析】在"设计"视图中，将"所在单位"的"总计"行设置成 group by，将"应发工资"的"总计"行设置成 sum 就可以按单位统计应发工资总数了。其中 group by 的作用是定义要执行计算的组;sum 的作用是返回字符表达式中值的总和。而 count 的作用是返回表达式中值的个数，即统计记录个数。所以本题答案为 C。

（19）A

【解析】VBA 程序在一行上写多个语句时用冒号"："作分隔符。所以本题答案为 A。

（20）C

【解析】Enabled 属性是用于判断控件是否可用的，而 Visible 属性是用于判断控件是否可见的。题目中要求 Command2 可用，而 Command3 不可见，则必须设置 Command2 的 Enabled 为 True，并且设置 Command3 的 Visible 为 False。所以本题答案为 C。

（21）B

【解析】在 Access 中建立查询时，有时需要以计算或处理日期所得到的结果作为条件，在书写这类条件时应注意，日期值要用半角的井号"#"括起来。查找"在……和……之间"，应使用 between…and…。所以本题答案为 B。

（22）B

【解析】宏是由一个或多个操作组成的集合，其中的每个操作能够自动地实现特定的功能。宏可以是包含操作序列的一个宏，也可以是一个宏组。如果设计时有很多的宏，将其分类组织到不同的宏组中会有助于数据库的管理。使用条件表达式可以决定在某些情况下运行宏时，某个操作是否进行。所以本题答案为 B。

（23）A

【解析】使用 VBA 的逻辑值进行算术运算时，True 值被处理为-1，False 值被处理为 0。所以本题答案为 A。

（24）D

【解析】报表页眉中的任何内容只能在报表的开始处，即报表的第一页打印一次;报表页脚一般是在所有的主体和组页脚被输出完成后才会打印在报表的最后面;页面页眉中的文字或控件一般输出显示在每页的顶端;页面页脚一般包含页码或控制项的合计内容，数据显示安排在文本框和其他一些类型控件中，在报表每页底部打印。所以本题答案为 D。

（25）A

【解析】Max（字符表达式）的作用是返回表达式值中的最大值。"字符表达式"可以是一个字段，也可以是一个含字段名的表达式，但所含字段应该是数字数据类型的字段。本题中的字符表达式是字段名，而字段名必须用方括号括起来，所以本题答案为 A。

（26）D

【解析】程序中"n=Len(Str$(m)+Space(5))"的含义是算出字符串总长度，当把正数转换成字符串时，Str$函数在字符串前面留有一个空格，Space（数值表达式）则返回由数值表达式确定的空格个数组成的空字符串。Str$(m)表示 5 个字符串，Space(5)表示 5 个字符串，所以 n 等于 10。故本题答案选 D。

（27）C

【解析】LTrim 函数：删除字符串的开始空格。RTrim 函数：删除字符串的尾部空格。Trim 函数：删除字符串的开始和尾部空格。Ucase 函数：将字符串中小写字母转化为大写字母。所以本题答案是 C。

（28）A

【解析】循环第 1 次，I=1，所以 I\5=0;循环第 2 次，I=3，所以 I\5=0;循环第 3 次，I=5，所以 I\5=1;循环第 4 次，I=7，所以 I\5=1;循环第 5 次，I=9，所以 I\5=1;循环第 6 次，I=11，

所以 I\5=2;循环第 7 次，I=13，所以 I\5=2;循环第 8 次，I=15，所以 I\5=3;循环第 9 次，I=17，所以 I\5=3;循环第 10 次，I=19，所以 I\5=3;循环结束后，x=5+1+1+1+2+2+3+3+3，所以 x=21。所以本题答案是 A。

（29）A

【解析】VBA 中定义符号常量可以用关键字 Const 来定义。格式为：Const 符号常量名称 = 常量值。所以本题答案是 A。

（30）B

【解析】本题中通过语句"Docmd.RunSQL Str"可知空白处应该填写一个 SQL 语句，由题面可知程序段的功能是实现"学生"表中"年龄"字段值加 1，所以空白处应该填写一个 Update 语句。Update 语句实现数据的更新功能，能够对指定表所有记录或满足条件的记录进行更新操作，该语句的格式为：

Update <表名>

Set <字段名 1>=<表达式 1> [,<字段名 2>=<表达式 2>]…

[Where <条件>]

其中，<表名>是指要更新数据的表的名称。<字段名>=<表达式>是用表达式的值替代对应字段的值，并且一次可以修改多个字段。一般使用 Where 子句来指定被更新记录字段值所满足的条件，如果不使用 Where 子句，则更新全部记录。所以本题答案为 B。

（31）B

【解析】本题使用 Call 关键字调用子过程 s1，s2。x=10 在调用子过程 s1 后，x=30，但由于在 s1 中直接使用变量，所以该值的作用范围是局部的，即只限于 s1 子过程中，没有传回。在调用 s2 时，由于 s2 使用 Dim…As 关键字定义 x，所以其值是模块范围的。故在消息框中输出的值，是从子过程 s2 传回的值。故本题答案选 B。

（32）D

【解析】在 Access 中使用 RecordCount 属性返回记录集的个数，所以 A、B 选项错误;由语句"rs=Me.Recordset"可知，空白处应填 rs.RecordCount。所以本题答案为 D。

（33）C

【解析】根据程序：a(2,5)+a(3,4)+a(4,5)=2*5+3*4+4*5=42。故本题答案选 C。

（34）C

【解析】当 i=1 时，sum=0+0/1;当 i=2 时，sum=0+0/1+1/2;当 i=3 时，sum=0+0/1+1/2+2/3;当 i=4 时，sum=0+0/1+1/2+2/3+3/4;当 i=5 时，sum=0+0/1+1/2+2/3+3/4+4/5，即 For 循环是用来计算表达式"1/2+2/3+3/4+4/5"的。所以本题答案为 C。

（35）A

【解析】本题通过双重 For 循环输出字符串，由于内层循环的循环次数为 4，且每次内层循环均输出一个"*"，则每次外层循环输出一行"****"。由于外层循环的循环次数也为 4，则四次外层循环后共输出四行"****"，所以选项 A 的输出是正确的。所以本题答案为 A。

（36）A

【解析】前景颜色（ForeColor）和背景颜色（BackColor）属性值分别显示控件的底色和文字颜色。

（37）D

【解析】Macro2 中的 Close 关闭的是教师工资窗体，一次只能关闭一个窗体。

（38）B

【解析】层次数据模型的特点：有且只有一个节点无双亲，这个节点称为"根节点"；其他节点有且只有一个双亲。网状数据模型的特点，允许一个以上节点无双亲；一个节点可以有多余一个的双亲。关系数据模型是以二维表的形式来表示的。

（39）C

【解析】消息框用于在对话框中显示信息，其使用格式为 MsgBox(prompt[，buttons][，title][，helpfile，context])。其中，第一个参数是显示在对话框中的内容；第二个参数用于指定显示按钮的数目及其形式和使用的图标样式等；第三个参数是对话框标题栏显示的内容。本题中，显示的内容为"AAAA"，标题为"BBBB"，而 vbOKCancel 表示对话框中显示"确定"和"取消"两个按钮，vbQuestion 表示显示问号图标。

（40）B

【解析】在本题中，用 Call 过程名的方法调用过程 P1。在 P1 中，将参数 C 的值改为 12。因为参数 C 是按地址传送（默认为按地址传送，即 ByRef），故 z 的值变为 12 了，所以输出值为 12。

全真模拟单选题（二）

一、选择题

在下列各题的 A、B、C、D 四个选项中，只有一个选项是正确的，请将正确的选项涂写在答题卡相应位置上，答在试卷上不得分。

（1）假设线性表的长度为 n，则在最坏情况下，冒泡排序需要的比较次数为_____。

    A．log2n   B．n2

    C．O(n1.5)   D．n(n–1)/2

（2）算法分析的目的是_____。

    A．找出数据结构的合理性

    B．找出算法中输入和输出之间的关系

    C．分析算法的易懂性和可靠性

    D．分析算法的效率以求改进

（3）线性表 L=(a1, a2, a3, …, ai, …, an)，下列说法正确的是_____。

    A．每个元素都有一个直接前件和直接后件

    B．线性表中至少要有一个元素

    C．表中诸元素的排列顺序必须是由小到大或由大到小

    D．除第一个元素和最后一个元素外，其余每个元素都有一个且只有一个直接前件和直接后件

（4）在单链表中，增加头结点的目的是_____。

    A．方便运算的实现

    B．使单链表至少有一个结点

    C．标识表结点中首结点的位置

    D．说明单链表是线性表的链式存储实现

（5）软件工程的出现是由于_____。

    A．程序设计方法学的影响

  B．软件产业化的需要

  C．软件危机的出现

  D．计算机的发展

（6）软件开发离不开系统环境资源的支持，其中必要的测试数据属于_____。

  A．硬件资源   B．通信资源

  C．支持软件   D．辅助资源

（7）在数据流图(DFD)中，带有名字的箭头表示_____。

  A．模块之间的调用关系   B．程序的组成成分

  C．控制程序的执行顺序   D．数据的流向

（8）分布式数据库系统不具有的特点是_____。

  A．数据分布性和逻辑整体性

  B．位置透明性和复制透明性

  C．分布性

  D．数据冗余

（9）关系表中的每一横行称为一个_____。

  A．元组   B．字段

  C．属性   D．码

（10）下列数据模型中，具有坚实理论基础的是_____。

  A．层次模型   B．网状模型

  C．关系模型   D．以上3个都是

（11）Access数据库中哪个数据库对象是其他数据库对象的基础_____。

  A．报表   B．查询   C．表   D．模块

（12）在下面的数据库系统（由数据库应用系统、操作系统、数据库管理系统和硬件等4部分组成）层次示意图中，数据库应用系统的位置是_____。

数据库系统层次示意图

  A．1   B．3   C．2   D．4

（13）下列关系模型中术语解析不正确的是_____。

  A．记录，满足一定规范化要求的二维表，也称关系

  B．字段，二维表中的一列

  C．数据项，也称为分量，是每个记录中的一个字段的值

  D．字段的值域，字段的取值范围，也称为属性域

（14）要求主表中没有相关记录时就不能将记录添加到相关表中，则要求在表关系中设置_____。

  A．参照完整性   B．输入掩码

C．有效性规则　　　　　　　　　　　　D．级联更新相关字段

（15）某数据库的表中要添加一个 Word 文档，则应采用的字段类型是_____。

A．OLE 对象数据类型　　　　　　　　B．超级链接数据类型

C．查阅向导数据类型　　　　　　　　D．自动编号数据类型

（16）若要在某表中"姓名"字段中查找以"李"开头的所有人名，则应在查找内容文本框中输入的字符串是_____。

A．李?　　　　　　B．李*　　　　　　C．李[]　　　　　　D．李#

（17）Access 中主要有以下哪几种查询操作方式?_____。

①选择查询　　　②参数查询　　　③交叉表查询　　　④操作查询　　　⑤SQL 查询

A．只有①②　　　　　　　　　　　　B．只有①②③

C．只有①②③④　　　　　　　　　　D．①②③④⑤全部

（18）SQL 查询语句中，对选定的字段进行排序的子句是_____。

A．ORDER BY　　　　　　　　　　　B．WHERE

C．FROM　　　　　　　　　　　　　D．HAVING

（19）下列不属于查询视图的是_____。

A．设计视图　　　　　　　　　　　　B．模板视图

C．数据表视图　　　　　　　　　　　D．SQL 视图

（20）对查询能实现的功能叙述正确的是_____。

A．选择字段，选择记录，编辑记录，实现计算，建立新表，建立数据库

B．选择字段，选择记录，编辑记录，实现计算，建立新表，更新关系

C．选择字段，选择记录，编辑记录，实现计算，建立新表，设置格式

D．选择字段，选择记录，编辑记录，实现计算，建立新表，建立基于查询的报表和窗体

（21）设置排序可以将查询结果按一定的顺序排列，以便于查阅。如果所有的字段都设置了排序，那么查询的结果将先按哪个排序字段进行排序?_____。

A．最左边　　　　　　　　　　　　　B．最右边

C．最中间　　　　　　　　　　　　　D．都可以

（22）关于准则 Like "[!香蕉，菠萝，土豆]"，以下满足的是_____。

A．香蕉　　　　　　B．菠萝　　　　　　C．苹果　　　　　　D．土豆

（23）窗体是 Access 数据库中的一种对象，以下各项不是窗体具备的功能的是_____。

A．输入数据　　　　　　　　　　　　B．编辑数据

C．输出数据　　　　　　　　　　　　D．显示和查询表中的数据

（24）窗体中可以包含一列或几列数据，用户只能从列表中选择值，而不能输入新值的控件是_____。

A．列表框　　　　　　　　　　　　　B．组合框

C．列表框和组合框　　　　　　　　　D．以上两者都不可以

（25）当窗体中的内容太多无法放在一页中全部显示时，可以用哪个控件来分页?_____

A．选项卡　　　　　B．命令按钮　　　　C．组合框　　　　D．选项组

（26）关于报表功能的叙述不正确的是_____。

    A. 可以呈现各种格式的数据

    B. 可以包含子报表与图标数据

    C. 可以分组组织数据，进行汇总

    D. 可以进行计数、求平均、求和等统计计算

（27）下面关于报表对数据的处理中叙述正确的选项是_____。

    A. 报表只能输入数据

    B. 报表只能输出数据

    C. 报表可以输入和输出数据

    D. 报表不能输入和输出数据

（28）要在报表上显示格式为"8/总 9 页"的页码，则计算控件的控件源应设置为_____。

    A. /总 Pages   B. =/总 Pages

    C. & "/总" &Pages   D. =& "/总" &Pages

（29）报表统计计算中，如果是进行分组统计并输出，则统计计算控件应该布置在_____。

    A. 主体节   B. 报表页眉/报表页脚

    C. 页面页眉/页面页脚   D. 组页眉/组页脚

（30）可以将 Access 数据库中的数据发布在 Internet 中的是_____。

    A. 查询   B. 数据访问页   C. 窗体   D. 报表

（31）与窗体和报表的设计视图工具箱比较，下列哪个控件是数据访问页特有的?_____

    A. 文本框   B. 标签   C. 命令按钮   D. 滚动文字

（32）发生在控件接收焦点前的事件是_____。

    A. Enter   B. GotFocus

    C. Exit   D. LostFocus

（33）下面程序运行后输出是_____。

```
Private Sub Form_Click()
for i=1 to 4
x=1
for j=1 to 3
x=3
for k=1 to 2
x=x+6
next k
next j
next i
print x
End Sub
```

    A. 7   B. 15   C. 157   D. 538

（34）已知程序段：

```
s=0
For i=1 To 10 Step 2
```

```
s=s+1
i=i*2
Next i
```

当循环结束后，变量 i，s 的值各为_____。

    A．10,4   B．11,3

    C．22,3   D．16,4

（35）窗体上添加有 3 个命令按钮，分别命名为 Command1、Command2 和 Command3。编写 Command1 的单击事件过程，完成的功能为，当单击按钮 Command1 时，按钮 Command2 可用，按钮 Command3 不可见。以下正确的是_____。

    A．Private Sub Command1_Click()

        Command2.Visible=True

        Command3.Visible=False

        End Sub

    B．Private Sub Command1_Click()

        Command2.Enabled=True

        Command3.Enabled=False

        End Sub

    C．Private Sub Command1_Click()

        Command2.Enabled=True

        Command3.Visible=False

        End Sub

    D．Private Sub Command1_Click()

        Command2.Visible=True

        Command3.Enabled=False

        End Sub

（36）在 SQL 的 SELECT 语句中，用于实现选择运算的是_____。

    A．FOR   B．WHILE   C．IF   D．WHERE

（37）在 VBA 中，如果没有显式声明或用符号来定义变量的数据类型，变量的默认数据类型为_____。

    A．Boolean   B．Int   C．String   D．Variant

（38）如果在数据库中已有同名的表，要通过查询覆盖原来的表，应该使用的查询类型是_____。

    A．删除   B．追加   C．生成表   D．更新

（39）下列逻辑表达式中，能正确表示条件"x 和 y 都是奇数"的是_____。

    A．x Mod 2=1 Or y Mod 2=1

    B．x Mod 2=0 Or y Mod 2=0

    C．x Mod 2=1 And y Mod 2=1

    D．x Mod 2=0 And y Mod 2=0

（40）某窗体中有一命令按钮，在"窗体视图"中单击此命令按钮，运行另一个应用程序。如果通过调用宏对象完成此功能，则需要执行的宏操作是_____。

    A．RunApp   B．RunCode   C．RunMacro   D．RunSQL

参考答案及分析

一、选择题

（1）D

【解析】 假设线性表的长度为 n，则在最坏情况下，冒泡排序要经过 n/2 遍的从前往后的扫描和 n/2 遍的从后往前的扫描，需要的比较次数为 n(n–1)/2。

（2）D

【解析】 算法分析是指对一个算法的运行时间和占用空间做定量的分析，一般计算出相应的数量级，常用时间复杂度和空间复杂度表示。分析算法的目的就是要降低算法的时间复杂度和空间复杂度，提高算法的执行效率。

（3）D

【解析】 线性表可以为空表；第一个元素没有直接前件，最后一个元素没有直接后件；线性表的定义中，元素的排列并没有规定大小顺序。

（4）A

【解析】 头结点不仅标识了表中首结点的位置，而且根据单链表（包含头结点）的结构，只要掌握了表头，就能够访问整个链表，因此增加头结点目的是为了便于运算的实现。

（5）C

【解析】 软件工程概念的出现源自于软件危机。为了消除软件危机，通过认真研究解决软件危机的方法，认识到软件工程是使计算机软件走向工程科学的途径，逐步形成了软件工程的概念。

（6）D

【解析】软件测试过程中，辅助资源包括测试用例（测试数据）、测试计划、出错统计和最终分析报告等。

（7）D

【解析】 数据流相当于一条管道，并有一级数据（信息）流经它。在数据流图中，用标有名字的箭头表示数据流。数据流可以从加工流向加工，也可以从加工流向文件或从文件流向加工，并且可以从外部实体流向系统或从系统流向外部实体。

（8）D

【解析】 分布式数据库系统具有数据分布性、逻辑整体性、位置透明性和复制透明性的特点，其数据也是分布的；但分布式数据库系统中数据经常重复存储，数据也并非必须重复存储，主要视数据的分配模式而定。若分配模式是一对多，即一个片段分配到多个场地存放，则是冗余的数据库，否则是非冗余的数据库。

（9）A

【解析】 关系表中，每一行称为一个元组，对应表中的一条记录；每一列称为表中的一个属性，对应表中的一个字段；在二维表中凡能唯一标识元组的最小属性集称为该表的键或码。

（10）C

【解析】 关系模型较之格式化模型（网状模型和层次模型）有以下方面的优点，即数据结构比较简单、具有很高的数据独立性、可以直接处理多对多的联系，以及有坚实的理论基础。

（11）C

【解析】　表是所有数据库对象的基础。

（12）D

【解析】由里到外分别为硬件、操作系统、数据库管理系统、数据库应用系统。数据库应用系统是利用数据库管理系统开发出来的面向某一类实际应用的软件系统，数据库管理系统是 OS 支持下的系统文件。

（13）A

【解析】　表中的每一横行称为一个记录，也称元组。

（14）A

【解析】　参照完整性是在输入或删除记录时，为维持表之间已定义的关系而必须遵循的规则。如果实施了参照完整性，那么当主表中没有相关记录时，就不能将记录添加到相关表中，也不能在相关表中存在匹配的记录时删除主表中的记录，更不能在相关表中有相关记录时，更改主表中的主键值。

（15）A

【解析】OLE 对象指的是其他使用 OLE 协议程序创建的对象，例如，Word 文档、Excel 电子表格、图像、声音和其他二进制数据。

（16）B

【解析】'?'是通配任意单个字符，'*'通配任意字符和字符串，'[ ]'通配[ ]内的任意单个字符，'#'通配任意单个数字。

（17）D

【解析】①②③④⑤全部属于查询操作方式。

（18）A

【解析】SQL 语句中，ORDER BY 表示排序。

（19）B

【解析】查询的视图包括设计、数据表、SQL 视图。

（20）D

【解析】建立数据库和更新关系都不能通过查询实现。至于设置格式，更改外观，可以在各种视图下方便地完成，但不属于查询。

（21）A

【解析】当所有的字段都设置了排序的时候，查询的结果将先按照最左边的排序字段进行排序，然后按左边第 2 个排序字段进行排序。

（22）D

【解析】表示非 [ ] 内的物品都满足条件。

（23）C

【解析】　窗体是 Access 数据库应用中一个非常重要的工具，可以用于显示表和查询中的数据，输入数据、编辑数据和修改数据。但没有包含 C 选项中的这项功能。

（24）A

【解析】　使用组合框既可以选择又可以输入文本，这是和列表框最大的不同，组合框的应用比列表框的应用要广泛。

（25）A

【解析】　注意选项卡和选项组的区别。选项卡是分页工具，选项组是选择列表工具。

（26）A

【解析】 可以呈现格式化的数据，而不是各种格式的数据。

（27）B

【解析】 报表主要用于对数据库中的数据进行分组、计算、汇总和打印输出；显然只可以输出数据。

（28）D

【解析】 注意计算控件的控件源必须是以"="开头的计算表达式。

（29）D

【解析】 把计算控件布置在报表页眉/页脚时 Access 会自动按总数来统计；而布置在组页眉/组页脚时 Access 会自动按分组数来统计。

（30）B

【解析】 Access 支持将数据库中的数据通过 Web 页发布，通过 Web 页，用户可以方便、快捷地将所有文件作为 Web 页发布程序储存到指定的活页夹，或者将其复制到 Web 服务器上，在网络中发布。

（31）D

【解析】 文本框、标签、命令按钮在设计窗体、报表、数据访问页中都可以使用，而滚动文字这个控件只有数据访问页特有。

（32）A

【解析】 Enter 是发生在控件接收焦点之前的事件。

（33）B

【解析】 因为每一次 I，J 循环的操作都会给 x 赋初值，所以 I，J 循环都只相当于执行一次，该程序等效于 x=3，然后给 x 加两次 6。故结果为 15。

（34）C

【解析】 第一次循环后，s=s+1=1，i=i2=12=2;

第二次循环后，s=s+1=2，i=i2=(2+2)2=8;

第三次循环后，s=s+1=3，i=i*2=(8+2)*2=20;

由于 Next i，所以 i=i+2=20+2=22，此时 22>10，循环结束，所以 i 的值为 22，s 的值为 3。

（35）C

【解析】 Endabled 属性是用于判断控件是否可用的，而 Visble 属性是用于判断控件是否可见的。题目中要求 Command2 可用，而 Command3 不可见，则必须设置 Command2 的 Enabled 为 True，并且设置 Command3 的 Visualble 为 False。

（36）D

【解析】SELECT 语句的语法包括几个主要子句，分别是：FROM，WHERE 和 ORDER BY 子句。在语句中 WHERE 后跟条件表达式，用于实现选择运算。所以本题答案为 D。

（37）D

【解析】在 VBA 中，如果没有显式声明或用符号来定义变量的数据类型，变量的默认数据类型为 Variant。所以本题答案为 D。

（38）C

【解析】生成表查询就是从多个表中提取数据组合起来生成一个新表永久保存；删除查询可以从一个或多个表中删除一组记录，删除查询将删除整个记录，而不只是记录中所选择的字段;更新查询对一个或多个表中的一组记录作全部更新;追加查询从一个或多个表中将一组记录添加到一个或多个表的尾部。使用生成表查询可以覆盖原来的表。所以本题答案为 C。

（39）C

【解析】要使 x 和 y 都是奇数，则 x 和 y 除以 2 的余数都必须是 1。所以本题答案为 C。

（40）A

【解析】RunApp 操作是启动另一个 Microsoft Windows 或 MS-DOS 应用程序;RunCode 操作是执行 Visual Basic 函数;RunMacro 操作是执行一个宏;RunSQL 操作是执行指定的 SQL 语句以完成操作查询。所以本题答案为 A。

全真模拟单选题（三）

一、选择题

在下列各题的 A、B、C、D 四个选项中，只有一个选项是正确的，请将正确的选项涂写在答题卡相应位置上，答在试卷上不得分。

（1）循环链表的主要优点是_____。

　　A．不再需要头指针了

　　B．从表中任一结点出发都能访问到整个链表

　　C．在进行插入、删除运算时，能更好地保证链表不断开

　　D．已知某个结点的位置后，能够容易地找到它的直接前件

（2）栈底至栈顶依次存放元素 A、B、C、D，在第五个元素 E 入栈前，栈中元素可以出栈，则出栈序列可能是_____。

　　A．ABCED　　　　B．DCBEA　　　　C．DBCEA　　　　D．CDABE

（3）对长度为 n 的线性表进行顺序查找，在最坏情况下所需要的比较次数为_____。

　　A．long2n　　　　B．n/2　　　　　C．n　　　　　　D．n+1

（4）在结构化程序设计思想提出之前，在程序设计中曾强调程序的效率。与程序的效率相比，人们更重视程序的_____。

　　A．安全性　　　　B．一致性　　　　C．可理解性　　　D．合理性

（5）模块独立性是软件模块化所提出的要求，衡量模块独立性的度量标准则是模块的_____。

　　A．抽象和信息隐蔽　　　　　　　　B．局部化和封装化

　　C．内聚性和耦合性　　　　　　　　D．激活机制和控制方法

（6）软件开发的结构化生命周期方法将软件生命周期划分成_____。

　　A．定义、开发、运行维护

　　B．设计阶段、编程阶段、测试阶段

　　C．总体设计、详细设计、编程调试

　　D．需求分析、功能定义、系统设计

（7）在软件工程中，白盒测试法可用于测试程序的内部结构。此方法将程序看做是_____。

　　A．路径的集合　　　　　　　　　　B．循环的集合

　　C．目标的集合　　　　　　　　　　D．地址的集合

（8）在数据管理技术发展过程中，文件系统与数据库系统的主要区别是数据库系统具

有____。

    A. 特定的数据模型　　　　　　　　　　B. 数据无冗余

    C. 数据可共享　　　　　　　　　　　　D. 专门的数据管理软件

（9）数据库设计包括两个方面的设计内容，它们是_____。

    A. 概念设计和逻辑设计

    B. 模式设计和内模式设计

    C. 内模式设计和物理设计

    D. 结构特性设计和行为特性设计

（10）实体是信息世界中广泛使用的一个术语，它用于表示_____。

    A. 有生命的事物　　　　　　　　　　B. 无生命的事物

    C. 实际存在的事物　　　　　　　　　D. 一切事物

（11）以下不属于数据库系统（DBS）的组成部分的有_____。

    A. 数据库集合　　　　　　　　　　　B. 用户

    C. 数据库管理系统及相关软件　　　　D. 操作系统

（12）下述关于数据库系统的叙述中正确的是_____。

    A. 数据库系统减少了数据冗余

    B. 数据库系统避免了一切冗余

    C. 数据库系统中数据的一致性是指数据类型的一致

    D. 数据库系统比文件系统能管理更多的数据

（13）将两个关系拼接成一个新的关系，生成的新关系中包括满足条件的元组，这种操作被称为_____。

    A. 投影　　　　　　B. 选择　　　　　　C. 联接　　　　　　D. 并

（14）以下描述不符合 Access 特点和功能的是_____。

    A. Access 仅能处理 Access 格式的数据库，不能对诸如 DBASE、FOXBASE、Btrieve 等格式的数据库进行访问

    B. 采用 OLE 技术，能够方便创建和编辑多媒体数据库，包括文本、声音、图像和视频等对象

    C. Access 支持 ODBC 标准的 SQL 数据库的数据

    D. 可以采用 VBA（Visual Basic Application）编写数据库应用程序

（15）可以选择输入数据或空格的输入掩码是_____。

    A. 0　　　　　　　　B. <　　　　　　　C. >　　　　　　　D. 9

（16）某表中"年龄"字段的"字段大小"属性设置为 2，则以下输入数据能原样存储的是____。

    A. 102　　　　　　B. 22.5　　　　　　C. 19　　　　　　　D. –9

（17）下列可以设置为索引的字段是_____。

    A. 备注　　　　　　B. OLE 对象　　　　C. 主关键字　　　　D. 超级链接

（18）创建一个交叉表查询，在"交叉表"行上有且只能有一个的是_____。

    A. 行标题、列标题和值　　　　　　　B. 列标题和值

    C. 行标题和值　　　　　　　　　　　D. 行标题和列标题

（19）对"将信电系 1998 年以前参加工作的教师的职称改为教授"合适的查询方式为_____。

A. 生成表查询　　　　　　　　　　　B. 更新查询

C. 删除查询　　　　　　　　　　　　D. 追加查询

（20）对查询功能的叙述中正确的是_____。

A. 在查询中，选择查询可以只选择表中的部分字段，通过选择一个表中的不同字段生成同一个表

B. 在查询中，编辑记录主要包括添加记录、修改记录、删除记录和导入、导出记录

C. 在查询中，查询不仅可以找到满足条件的记录，而且还可以在建立查询的过程中进行各种统计计算

D. 以上说法均不对

（21）特殊运算符"IN"的含义是_____。

A. 用于指定一个字段值的范围，指定的范围之间用 And 连接

B. 用于指定一个字段值的列表，列表中的任一值都可与查询的字段相匹配

C. 用于指定一个字段为空

D. 用于指定一个字段为非空

（22）在查询设计视图中_____。

A. 可以添加数据库表，也可以添加查询

B. 只能添加数据库表

C. 只能添加查询

D. 以上两者都不能添加

（23）如果要检索价格在 15～20 万元的产品，可以设置条件为_____。

A. ">15 Not <20"　　　　　　　　　B. ">15 Or < 20"

C. ">15 And <20"　　　　　　　　　D. "> 15 Like <20"

（24）Access 提供了 6 种类型的窗体，以下不属于这 6 种的是_____。

A. 纵栏式窗体　　　　　　　　　　　B. 表格式窗体

C. 数据表窗体　　　　　　　　　　　D. 模块式窗体

（25）下列关于控件的说法中正确的是_____。

A. 控件是窗体上用于输入数据、修改数据、执行数据的对象

B. 计算型控件用表达式作为数据源，表达式可以利用窗体或报表所引用的表或查询字段中的数据，但不可以是窗体或报表上的其他控件中的数据

C. 虽然组合框的列表是有多行数据组成，但平时只能显示一行，而且不能输入新值，所以它的应用比列表框要窄

D. 窗体中的列表框可以包含一列或几列数据，用户只能从列表中选择值，而不能输入新值

（26）"特殊效果"属性值是用来设定控件的显示特效，以下不属于"特殊效果"属性值的是_____。

A. "凹陷"　　　　　B. "颜色"　　　　　C. "阴影"　　　　　D. "凿痕"

（27）用于实现报表的分组统计数据的操作区间的是_____。

A. 报表的主体区域　　　　　　　　　B. 页面页眉或页面页脚区域

C. 报表页眉或报表页脚区域　　　　　D. 组页眉或组页脚区域

（28）报表的数据来源不能为_____。

A. 查询　　　　　　B. 表　　　　　　C. SQL 语句　　　　　D. 窗体

（29）在报表的每一页底部显示页码号的是_____。

  A．报表页眉   B．页面页眉

  C．页面页脚   D．报表页脚

（30）Access 的报表操作有 3 种视图，下面不属于报表操作视图的是_____。

  A．"设计"视图   B．"打印预览"视图

  C．"报表预览"视图   D．"版面预览"视图

（31）ADO 含义是_____。

  A．开放数据库互联应用编程接口   B．数据库访问对象

  C．动态链接库   D．Active 数据对象

（32）用于最大化激活窗口的宏命令是_____。

  A．Minimize   B．Requery   C．Maximize   D．Restore

（33）在创建条件宏时，若要引用窗体上的控件值，正确的表达式引用是_____。

  A．[窗体名]![控件名]   B．[窗体名].[控件名]

  C．[Form]![窗体名]![控件名]   D．[Forms]![窗体名]![控件名]

（34）假定有以下循环结构：

Do until 条件

  循环体

Loop

则下列说法正确的是_____。

  A．如果"条件"是一个为–1 的常数，则一次循环体也不执行

  B．如果"条件"是一个为–1 的常数，则至少执行一次循环体

  C．如果"条件"是一个不为–1 的常数，则至少执行一次循环体

  D．不论"条件"是否为"真"，至少要执行一次循环体

（35）以下程序运行后，消息框的输出结果是_____。

a=sqr(3)

b=sqr(2)

c=a>b

MsgBox c+2

  A．–1   B．1   C．2   D．出错

（36）条件"Not 工资额>2000"的含义是_____。

  A．选择工资额大于 2000 的记录

  B．选择工资额小于 2000 的记录

  C．选择除了工资额大于 2000 之外的记录

  D．选择除了字段工资额之外的字段，且大于 2000 的记录

（37）下图是使用查询设计器完成的查询，与该查询等价的 SQL 语句是_____。

A．select　学号,数学 from sc where　数学>(select avg(数学) from sc)

B．select　学号　where　数学>(select avg(数学) from sc)

C．select　数学　avg(数学) from sc

D．select　数学>(select avg(数学) from sc)

（38）在 Access 中已建立了"工资"表，表中包括"职工号"、"所在单位"、"基本工资"和"应发工资"等字段，如果要按单位统计应发工资总数，那么在查询设计视图的"所在单位"的"总计"行和"应发工资"的"总计"行中分别选择的是_____。

A．sum，group by 　　　　　　　　B．count，group by

C．group by，sum 　　　　　　　　D．group by，count

（39）VBA 程序的多条语句可以写在一行中，其分隔符必须使用符号_____。

A．： 　　　　B．' 　　　　C．； 　　　　D．,

（40）窗体上添加有 3 个命令按钮，分别命名为 Command1、Command2 和 Command3。编写 Command1 的单击事件过程,完成的功能为：当单击按钮 Command1 时,按钮 Command2 可用，按钮 Command3 不可见。以下正确的是_____。

A．Private Sub Command1_Click()

Command2.Visible=True

Command3.Visible=False

End Sub

B．Private Sub Command1_Click()

Command2.Enabled=True

Command3.Enabled=False

End Sub

C．Private Sub Command1_Click()

Command2.Enabled=True

Command3.Visible=False

End Sub

D．Private Sub Command1_Click()

Command2.Visible=True

Command3.Enabled=False

End Sub

 参考答案及分析

一、选择题

（1）B

【解析】循环链表就是将单向链表中最后一个结点的指针指向头结点，使整个链表构成一个环形，这样的结构使得从表中的任一结点出发都能访问到整个链表。

（2）B

【解析】栈操作原则上"后进先出"，栈底至栈顶依次存放元素 A，B，C，D，则表明这 4 个元素中 D 是最后进栈，B，C 处于中间，A 最早进栈。所以出栈时一定是先出 D，再出 C，最后出 A。

（3）C

【解析】对于长度为 n 的有序线性表，在最坏情况下，二分查找只需要比较 $\log_2 n$ 次，而顺序查找需要比较 n 次。

（4）C

【解析】 结构化程序设计方法设计出的程序具有明显的优点。其一，程序易于理解、使用和维护;其二，提高了编程工作的效率，降低了软件开发成本。其中，人们更重视前者。

（5）C

【解析】 模块的独立性是评价设计好坏的重要度量标准。衡量软件的模块独立性使用耦合性和内聚性两个定性的度量标准。

（6）A

【解析】 通常，将软件产品从提出、实现、使用维护到停止使用的过程称为软件生命周期。它可以分为软件定义、软件开发及软件运行维护 3 个阶段。

（7）A

【解析】 软件的白盒测试方法是把测试对象看作一个打开的盒子，它允许测试人员利用程序内部的逻辑结构及有关信息，设计或选择测试用例，对程序所有逻辑路径进行测试。

（8）A

【解析】 在文件系统中，记录是相互独立的，其内部结构的最简单形式是等长同格式记录的集合，易造成存储空间大量浪费，不方便使用。而在数据库系统中，数据是结构化的，这种结构化要求在描述数据时不仅描述数据本身，还要描述数据间的关系，这正是通过采用特定的数据模型来实现的。

（9）A

【解析】 数据库设计包括数据库概念设计和数据库逻辑设计两个方面的设计内容。

（10）C

【解析】 实体是客观存在且可以相互区别的事物。实体可以是具体的对象，如一个学生，也可以是一个抽象的事件，如一次出门旅游等。因此，实体既可以是有生命的事物，也可以是无生命的事物，但它必须是客观存在的，而且可以相互区别。

（11）D

【解析】 数据库系统是由 5 部分组成：硬件系统、数据库集合、数据库管理系统及相关软件、数据库管理员（DataBase Administrator ，DBA）、用户。

（12） A

【解析】由于数据的集成性使得数据可为多个应用所共享，特别是在网络发达的今天，数据库与网络的结合扩大了数据关系的应用范围。数据的共享自身又可极大地减少数据冗余性，不仅减少了不必要的存储空间，更为重要的是可以避免数据的不一致性。所谓数据的一致性是指在系统中同一数据的不同出现应保持相同的值，而数据的不一致性指的是同一个数据在系统的不同副本处有不同的值。

（13）C

【解析】联接是关系的横向结合。联接运算将两个关系模式拼接成一个更宽的关系模式，生成的新关系中包含满足联接条件的元组。

（14）A

【解析】Access 不仅能处理 Access 格式的数据库，也能对诸如 DBASE、FOXBASE、Btrieve 等格式的数据库进行访问。

（15）D

【解析】A 项指必须输入数字（0～9），B 项指将所有字符转换为小写，C 项指将所有字符转换为大写。

（16）C

【解析】其他都不符合字段大小为 2 的要求。

（17）C

【解析】索引是表中字段非常重要的属性，能根据键值加速在表中查找和排序的速度，并且能对表中的记录实施唯一性。

（18）B

【解析】在创建交叉表查询时，需要指定 3 种字段：一是放在交叉表最左端的行标题，它将某一字段的相关数据放入指定的行中;二是放在交叉表最上面的列字段，它将某一字段的相关数据放入指定的列中;三是放在交叉表行与列交叉位置上的字段，需要为该字段指定一个总计项，如总计、平均值、计数等。在交叉表查询中，只能指定一个列字段和一个总计类型的字段。

（19）B

【解析】在建立和维护数据库的过程中，常常需要对表中的记录进行更新和修改，而最简单有效的方法就是利用更新查询。

（20）C

【解析】A 中后半句通过选择一个表中的不同字段生成所需的多个表;B 中编辑记录不包含导入与导出记录。

（21）B

【解析】选项 A 为 Between 的含义，C 为 Is Null 的含义，D 为 Is Not Null 的含义。

（22）A

【解析】注意在查询设计视图中既可以添加数据库表也可以添加查询。

（23）C

【解析】"价格在 15～20 万元"要使用 And 语句来表示"与"。

（24）D

【解析】6 种窗体类型分别为纵栏式、表格式、数据表、主/子窗体、图表窗体以及数据透视表窗体。

（25）D

【解析】 控件是窗体上用于显示数据、执行数据、装饰窗体的对象;计算型控件既可以利用窗体或报表所引用的表或查询字段中的数据，又可以利用窗体或报表上的其他控件中的数据;组合框在平时是只能显示一行，但可以输入文本，其应用比列表框要广泛。

（26）B

【解析】"特殊效果"属性值用于设定控件的显示效果，如"平面"、"凸起"、"凹陷"、"蚀刻"、"阴影"、"凿痕"等，但是没有颜色项。

（27）D

【解析】组页脚节内主要安排文本框或其他类型控件，显示分组统计数据。

（28）D

【解析】报表的数据来源与窗体相同，可以是已有的数据表、查询或者是新建的 SQL 语句。

（29）C

【解析】因为页面页脚打印在每页的底部，用来显示本页的汇总说明，报表的每一页有一个页面页脚，一般包含页码或控制项的合计内容。所以用页面页脚。

（30）C

【解析】3 种报表视图为"设计"、"打印预览"、"版面预览"，没有"报表预览"视图。

（31）D

【解析】ActiveX 数据对象（ADO）是基于组件的数据库编程接口，它是一个和编程语言无关的 COM 组件系统，可以对来自多种数据提供者的数据进行读取和写入操作。

（32）C

【解析】A 用于最小化激活窗口，B 用于实施指定控件重新查询，D 由于将最大化或最小化的窗口恢复到原始大小。

（33）D

【解析】在输入条件表达式时，可能会引用窗体或报表上的控件值，可以使用如下的语法：Forms![窗体名]![控件名]或[Forms]![窗体名]![控件名]

（34）A

【解析】Do Until 循环采用的是先判断条件后执行循环体的做法。如果"条件"是一个为–1（为真）的常数，则循环体就会一次也不执行。

（35）B

【解析】本题中 a>b 返回 True，即 c=True，而在算术表达式中，True 作为–1 来处理，故消息框中输出的结果为 1。

（36）C

【解析】逻辑运算符 Not：当 Not 连接的表达式为真时，整个表达式为假。由于关系运算符的优先级大于逻辑运算符，所以条件"Not 工资额>2000"的功能是查询工资额不大于 2000 的记录，即工资额小于等于 2000 的记录，也就是除了工资额大于 2000 以外的记录。所以本题答案为 C。

（37）A

【解析】由题目中的图片可以得出：查询条件的是"数学成绩大于数学平均分"，需要显示的字段是"学号"和"数学"，SQL 语句中也应包含这些数据。所以本题答案为 A。

（38）C

【解析】在"设计"视图中，将"所在单位"的"总计"行设置成 group by，将"应发工资"的"总计"行设置成 sum 就可以按单位统计应发工资总数了。其中 group by 的作用是定义要执行计算的组;sum 的作用是返回字符表达式中值的总和。而 count 的作用是返回表达式中值的个数，即统计记录个数。所以本题答案为 C。

（39）A

【解析】VBA 程序在一行上写多个语句时用冒号"；"作分隔符。所以本题答案为 A。

（40）C

【解析】Enabled 属性是用于判断控件是否可用的，而 Visible 属性是用于判断控件是否可见的。题目中要求 Command2 可用，而 Command3 不可见，则必须设置 Command2 的 Enabled 为 True，并且设置 Command3 的 Visible 为 False。所以本题答案为 C。

附录三　全真模拟上机操作题

全真模拟上机操作题（1）

1．考生文件夹下有一个数据库文件"samp1.mdb"，已建立三个关联表对象（名为"职工表"、"物品表"和"销售业绩表"）和一个窗体对象（名为"fTest"）。试按以下要求，完成表和窗体的各种操作。

（1）分析表对象"销售业绩表"的字段构成、判断并设置其主键。

（2）将表对象"物品表"中的"生产厂家"字段重命名为"生产企业"。

（3）建立表对象"职工表"、"物品表"和"销售业绩表"的表间关系，并实施参照完整性。

（4）将考生文件夹下 Excel 文件 Test.xls 中的数据链接到当前数据库中。要求：数据中的第一行作为字段名，链接表对象命名为"tTest"。

（5）将窗体 fTest 中名为"bTitle"的控件设置为"特殊效果：阴影"显示。

（6）在窗体 fTest 中，以命令按钮"bt1"为基准，调整命令按钮"bt2"和"bt3"的大小与水平位置。要求：按钮"bt2"和"bt3"的大小尺寸与按钮"bt1"相同，左边界与按钮"bt1"左对齐。

2．考生文件夹下有一个数据库文件"samp2.mdb"，里面已经设计好两个表对象"tNorm"和"tStock"。试按以下要求完成设计。

（1）创建一个查询，查找产品最高储备与最低储备相差最小的数量并输出，标题显示为"m_data"，所建查询命名为"qT1"。

（2）创建一个查询，查找库存数量超过 10000（不含 10000）的产品，并显示"产品名称"和"库存数量"。所建查询名为"qT2"。

（3）创建一个查询，按输入的产品代码查找某产品库存信息，并显示"产品代码"、"产品名称"和"库存数量"。当运行该查询时，应显示提示信息，"请输入产品代码："。所建查询名为"qT3"。

（4）创建一个交叉表查询，统计并显示每种产品不同规格的平均单价，显示时行标题为产品名称，列标题为规格，计算字段为单价，所建查询名为"qT4"。

注意：交叉表查询不做各行小计。

3．考生文件夹下有一个数据库文件"samp3.mdb"，里面已经设计好表对象"tBorrow"、"tReader"和"tBook"，查询对象"qT"，窗体对象"fReader"、报表对象"rReader"和宏对象"rpt"。请在此基础上按照以下要求补充设计。

（1）在报表的报表页眉节区内添加一个标签控件，其名称为"bTitle"，标题显示为"读者借阅情况浏览"，字体名称为"黑体"，字体大小为22，字体粗细为"加粗"，倾斜字体为"是"，同时将其安排在距上边0.5厘米、距左侧2厘米的位置。

（2）设计报表"rReader"的主体节区内"tSex"文本框控件依据报表记录源的"性别"字段值来显示信息。

（3）将宏对象"rpt"改名为"mReader"。

（4）在窗体对象"fReader"的窗体页脚节区内添加一个命令按钮，命名为"bList"，按钮标题为"显示借书信息"。

（5）设置所建命令按钮"bList"的单击事件属性为运行宏对象"mReader"。

注意：不允许修改窗体"fReader"中未涉及的控件和属性；不允许修改表对象"tBorrow"、"tReader"和"tBook"及查询对象"qT"；不允许修改报表对象"rReader"的控件和属性。

⌐ 全真模拟上机操作题（2）

1.（1）考生文件夹下有一个数据库文件"samp1.mdb"，数据库文件中建立表"tTeacher"，表结构如下。

字段名称	数据类型	字段大小	格式
编号	文本	5	
姓名	文本	4	
性别	文本	1	
年龄	数字	整型	
工作时间	日期/时间		短日期
学历	文本	5	
职称	文本	5	
邮箱密码	文本	6	
联系电话	文本	8	
在职否	是/否		是/否

（2）根据"tTeacher"的表结构，判断并设定主键。

（3）设置"工作时间"字段的有效性规则为只能输入2004-7-1以前的日期。

（4）将"在职否"的默认值设置为真值。

（5）设置"邮箱密码"字段的输入掩码为将输入的密码显示为6位星号（密码）。

（6）在"tTeacher"表中输入2条记录。

编号	姓名	性别	年龄	工作时间	学历	职称	邮箱密码	联系电话	在职否
77012	郝海为	男	67	1962-12-8	大本	教授	621208	65976670	
92016	李丽	女	32	1992-9-3	研究生	讲师	920903	65976444	✓

2. 考生文件夹下有一个数据库文件"samp2.mdb"，里面已经设计好表对象"tCollect"、"tpress"和"tType"，试按照以下要求完成设计。

（1）创建一个查询，查找收藏品中CD盘最高价格和最低价格信息输出，标题显示为"v_Max"和"v_Min"，所建查询名为"qT1"。

（2）创建一个查询，查找并显示购买"价格"大于100元并且"购买日期"在2001年以后（含2001年）的"CDID"、"主题名称"、"价格"、"购买日期"和"介绍"五个字段的内容，所建查询名为"qT2"。

（3）创建一个查询，通过输入 CD 类型名称，查询并显示"CDID"、"主题名称"、"价格"、"购买日期"和"介绍"五个字段内容，当运行查询时，应显示参数提示信息"请输入 CD 类型名称."，所建查询名为"qT3"。

（4）创建一个查询，对"tType"表进行调整，将"类型 ID"等于"05"的记录中的"类型介绍"字段改为"古典音乐"，所建查询为"qT4"。

3．考生文件夹下有一个数据库文件"samp2.mdb"，里面已经设计好表对象"tCollect"，查询对象"qT"，同时还设计出以"tCollect"为数据源的窗体对象"fCollect"，试在此基础上，按照以下要求完成设计。

（1）将窗体"fCollect"的记录源改为查询对象"qT"。

（2）在窗体"fCollect"的窗体页眉节区位置添加一个标签控件，其名称为"bTitle"，标题显示为"CD 明细"，字体名称为"黑体"，字号大小为 20，字体粗细为"加粗"。

（3）将窗体标题栏上的显示文字设为"CD 明细显示"。

（4）在窗体页脚节区位置添加一个命令按钮，命名为"bC"，按钮标题为"改变颜色"。

（5）设置所建命令按钮 bC 的单击事件，使用户单击该命令按钮后，CDID 标签的显示颜色改为红色。要求用 VBA 代码实现。

注意：不允许修改窗体对象"fCollect"中未涉及的控件和属性；不允许修改表对象"tCollect"和查询对象"qT"。

全真模拟上机操作题（3）

1. 在考生文件夹下，存在一个数据库文件"samp1.mdb"，里边已建立两个表对象"tGrade"和"tStudent"；同时还存在一个 Excel 文件"tCourse.xls"。试按以下操作要求，完成表的编辑。

（1）将 Excel 文件"tCourse.xls"导入到"samp1.mdb"数据库文件中，表名称不变,设"课程编号"字段为主键。

（2）对"tGrade"表进行适当的设置，使该表中的"学号"为必填字段，"成绩"字段的输入值为非负数，并在输入出现错误时提示"成绩应为非负数，请重新输入!"信息。

（3）将"tGrade"表中成绩低于 60 分的记录全部删除。

（4）设置"tGrade"表的显示格式，使显示表的单元格显示效果为"凹陷"、文字字体为"宋体"、字号为 11。

（5）建立"tStudent"、"tGrade"和"tCourse"三表之间的关系，并实施参照完整性。

2．考生文件夹下存在一个数据库文件"samp2.mdb"，里面已经设计好表对象"tCourse"、"tGrade"和"tStudent"，试按以下要求完成设计。

（1）创建一个查询，查找并显示"姓名"、"政治面貌"和"毕业学校"等三个字段的内容，所建查询名为"qT1"。

（2）创建一个查询，计算每名学生的平均成绩，并按平均成绩降序依次显示"姓名"、"平均成绩"两列内容，其中"平均成绩"数据由统计计算得到，所建查询名为"qT2"。

假设：所用表中无重名。

（3）创建一个查询，按输入的班级编号查找并显示"班级编号"、"姓名"、"课程名"和"成绩"的内容。其中"班级编号"数据由统计计算得到，其值为"tStudent"表中"学号"的前 6 位，所建查询名为"qT3"；当运行该查询时，应显示提示信息"请输入班级编号："。

（4）创建一个查询，运行该查询后生成一个新表，表名为"90 分以上"，表结构包括"姓名"、"课程名"和"成绩"等三个字段，表内容为 90 分以上（含 90 分）的所有学生记录，所建查询名为"qT4";要求创建此查询后，运行该查询，并查看运行结果。

3. 考生文件夹下存在一个数据库文件"samp3.mdb"，里面已经设计好表对象"tStudent"和"tGrade"，同时还设计出窗体对象"fQuery"和"fStudent"。请在此基础上按照以下要求补充"fQuery"窗体的设计。

（1）在主体节上边 0.4 厘米、左边 0.4 厘米位置添加一个矩形控件，其名称为"rRim"；矩形宽度为 16.6 厘米、高度为 1.2 厘米、特殊效果为"凿痕"。

（2）将窗体中"退出"命令按钮上显示的文字颜色改为"深红"(深红代码为 128)，字体粗细改为"加粗"。

（3）将窗体标题改为"显示查询信息"。

（4）将窗体边框改为"对话框边框"样式，取消窗体中的水平和垂直滚动条、记录选定器、浏览按钮和分隔线。

（5）在窗体中有一个"显示全部记录"命令按钮(名称为 bList)，单击该按钮后，应实现将"tStudent"表中的全部记录显示出来的功能。现已编写了部分 VBA 代码，请按照 VBA 代码中的指示将代码补充完整。

要求：修改后运行该窗体，并查看修改结果。

注意：不允许修改窗体对象"fQuery"和"fStudent"中未涉及的控件、属性；不允许修改表对象"tStudent"和"tGrade"。对于 VBA 代码，只允许在"******************"与"*****************"之间的一空行内补充语句、完成设计，不允许增删和修改其他位置已存在的语句。

参 考 文 献

[1] 宋少忠，赵钟元. Access 数据库技术实践教程. 北京：北京邮电大学出版社，2010.

[2] 叶恺，张思卿. Access 2010 数据库案例教程. 北京：化学工业出版社，2012.

[3] 徐秀花，程晓锦，李业丽. Access 2010 数据库应用技术教程. 北京：清华大学出版社，2013.

[4] 刘卫国. Access 数据库基础与应用实验指导. 北京：北京邮电大学出版社，2011.

[5] 陈朝华，肖东. Access 数据库技术与应用教程习题及实验指导. 北京：中国水利水电出版社，2011.

[6] 陈薇薇，巫张英. Access 基础与应用教程（2010 版）. 北京：人民邮电出版社，2013.

[7] 教育部考试中心. 全国计算机等级考试二级教程——Access 数据库程序设计. 北京：高等教育出版社，2010.